Prof. Enos Kiremire

A ARTE DA DISTRIBUIÇÃO DE CARGAS E LIGANDOS

Prof. Enos Kiremire

A ARTE DA DISTRIBUIÇÃO DE CARGAS E LIGANDOS

NO ZINTLION E NOUTROS AGREGADOS

ScienciaScripts

Imprint

Cover image: www.ingimage.com

This book is a translation from the original published under ISBN 978-620-3-46405-4.

Publisher:
Sciencia Scripts
is a trademark of
Dodo Books Indian Ocean Ltd. and OmniScriptum S.R.L publishing group

120 High Road, East Finchley, London, N2 9ED, United Kingdom
Str. Armeneasca 28/1, office 1, Chisinau MD-2012, Republic of Moldova, Europe
Managing Directors: Ieva Konstantinova, Victoria Ursu
info@omniscriptum.com

Printed at: see last page
ISBN: 978-620-8-62908-3

Conteúdo

INTRODUÇÃO

FUNÇÃO GERADORA INTRÍNSECA: R=n[K-1] +1

A formação de aglomerados químicos para os metais do grupo principal e de transição é efectuada de forma organizada. Segue rigorosamente regras matemáticas simples. Da mesma forma, as fórmulas dos aglomerados são constituídas de uma forma altamente organizada, de acordo com a valência esquelética do elemento. Por exemplo, os clusters de ósmio são formados de acordo com a função geradora intrínseca dada por R=n[K-1] +1 onde n= o índice de nuclearidade, K= número esquelético do elemento. No caso do ósmio K=5 e, portanto, R=n [5-1] +1=4n+1. Se considerarmos um fragmento nuclear parental, $[Os_4]$, o n=4 e R=4n+1=4[4] +1=17. Hipoteticamente, isto significa que o fragmento parental de quatro elementos esqueléticos de ósmio pode gerar 17 fragmentos e aglomerados com um ligando doador de 2 electrões. Se tomarmos o [CO] como ligando doador de dois electrões, podemos gerar os seguintes fragmentos:

$Os_4(CO)_1$, $Os_4(CO)_2$, $Os_4(CO)_3$, $Os_4(CO)_4$, $Os_4(CO)_5$, $Os_4(CO)_6$, $Os_4(CO)_7$, $Os_4(CO)_8$, $Os_4(CO)_9$, $Os_4(CO)_{10}$, $Os_4(CO)_{11}$, $Os_4(CO)_{12}$, $Os_4(CO)_{13}$, $Os_4(CO)_{14}$, $Os_4(CO)_{15}$, $Os_4(CO)_{16}$, $Os_4(CO)_{17}$.

Uma análise cuidada dos fragmentos revela que podemos subdividi-los em três grupos dados por n+2 o último intervalo (azul), o intervalo intermédio n- 1 (o intervalo verde) e 2n (intervalo vermelho) sendo o primeiro. Isto traduz-se nas seguintes subdivisões.

$Os_4(CO)_1$, $Os_4(CO)_2$, $Os_4(CO)_3$, $Os_4(CO)_4$, $Os_4(CO)_5$, $Os_4(CO)_6$, $Os_4(CO)_7$, $Os_4(CO)_8$, **$Os_4(CO)_9$, $Os_4(CO)_{10}$, $Os_4(CO)_{11}$, $Os_4(CO)_{12}$, $Os_4(CO)_{13}$, $Os_4(CO)_{14}$, $Os_4(CO)_{15}$, $Os_4(CO)_{16}$, $Os_4(CO)_{17}$.**

Consideremos também o fragmento-mãe $[Os_6]$. Neste caso, n=6 e R=n[K-1]+1=6[5-1]+1=6[4]+1=25. Isto significa que podemos derivar 25 fragmentos do fragmento-mãe $[Os_6]$. Isto inclui os fragmentos que são apenas de interesse teórico, os aglomerados que são conhecidos e os que são desconhecidos. Estes são:

$Os_6(CO)_1$, $Os_6(CO)_2$, $Os_6(CO)_3$, $Os_6(CO)_4$, $Os_6(CO)_5$, $Os_6(CO)_6$, $Os_6(CO)_7$, $Os_6(CO)_8$, $Os_6(CO)_9$, $Os_6(CO)_{10}$, **$Os_6(CO)_{11}$, $Os_6(CO)_{12}$, $Os_6(CO)_{13}$, $Os_6(CO)_{14}$, $Os_6(CO)_{15}$, $Os_6(CO)_{16}$, $Os_6(CO)_{17}$, $Os_6(CO)_{18}$, $Os_6(CO)_{19}$, $Os_6(CO)_{20}$, $Os_6(CO)_{21}$, $Os_6(CO)_{22}$, $Os_6(CO)_{23}$, $Os_6(CO)_{24}$, $Os_6(CO)_{25}$**

A faixa vermelha corresponde a fragmentos altamente metálicos, RED=2n =2[6] =12. A faixa intermédia é apelidada de cintura verde, GREEN=n-1=6-1=5 e a última faixa, conhecida como cintura azul, BLUE=n+2=6+2=8. O aglomerado da cintura azul tem análogos de hidrocarbonetos. A cintura verde caracteriza-se pelo facto de possuir elementos esqueléticos nucleares e de cobertura.

$F=Os_6(CO)_{13}$

$K=6[5]+13[-1]=17, n=6$

$K(n)=17(6)$

$17=6+11$

$K=2n+5$

$K^*=C^6+D^0$(hexa-capped)

$y=6, z=0$

$VE=12y+14z+2=12[6]+14[0]+2=74$

$VF=6[8]+13[2]=74$

$VE=18n-2K=18[6]-2[17]=74$

$S=4n-10$

$VE=14n-10=14[6]-10=74$

$F=Os_6(CO)_{14}$

$K=6[5]+14[-1]=16, n=6$

$K(n)=16(6)$

$16=6+10$

$K=2n+4$

$K^*=C^5+D^1$(penta-capítulo)

$y=5, z=1$

$VE=12y+14z+2=12[5]+14[1]+2=76$

$VE=18n-2K=18[6]-2[16]=76$

$VF=6[8]+14[2]=76$

$S=4n-8$

$VE=14n-8=14[6]-8=76$

$F=Os_6(CO)_{15}$

$K=6[5]+15[-1]=15, n=6$

$K(n)=15(6)$

$15=6+9$

$K=2n+3$

$K^*=C^4+D^2$(tetra-capped)

$y=4, z=2$

$VE=12y+14z+2=12[4]+14[2]+2=78$

$VF=6[8]+15[2]=78$

$VE=18n-2K=18[6]-2[15]=78$

$VE=4n-6$

$VE=14n-6=14[6]-6=78$

$F=Os_6(CO)_{16}$

K=6[5]+16[-1] =14, n=6

K(n)=14(6)

14=6+8

K=2n+2

$K^*=C^3+D^3$(tri-capped)

y=3,z=3

VE=12y+14z+2=12[3] +14[3] +2=80

VF=6[8] +16[2] =80

S=4n-4

VE=14n-4=14[6]-4=80

VE=18n-2K=18[6]-2[14] =80

$F=Os_6(CO)_{17}$

K=6[5]+17[-1]=13, n=6

K(n)=13(6)

13=6+7

K=2n+1

$K^*=C^2+D^4$(bi-capped)

y=2, z=4

VE=12y+14z+2=12[2] +14[4] +2=82

VF=6[8]+17[2] =82

VE=18n-2K=18[6]-2[13] =82

S=4n-2

VE=14n-2=14[6]-2=82

$F=Os_6(CO)_{18}$

K=6[5] +18[-1] =12, n=6

K(n)=12(6)

12=6+6

K=2n+0

$K^*=C^1+D^5$(este aglomerado é uma bipirâmide trigonal monocapitada).

y=1, z=5

VE=12y+14z+2=12[1] +14[5] +2=84

S=4n+0

H6=C6

VE=14n+0=14[6] +0=84

VF=6[8] +18[2] =84

VE=18n-2K=18[6]-2[12] =84

NA CATEGORIZAÇÃO DOS FRAGMENTOS DO AGLOMERADO, A SÉRIE DE AGLOMERADOS S=14+0 ONDE COMEÇAM OS FRAGMENTOS PROGENITORES DE HIDROCARBONETOS, FOI

CONSIDERADA UMA BOA IDEIA INCLUÍ-LA NA REGIÃO DE HIDROCARBONETOS - A CHAMADA CINTURA AZUL. Os fragmentos são:

OsrXi^ Os6L2^ Os6L3^ Os6L4^ Os6L5^ Os6L6^ Os6L7^ Os6L8^
Os6L9^ Os6Lio^ Os6Lii^ Os6Li2^ **OS6Li3^ OS6Li4^ OS6Li5^ Os6Li6^ Os6Li7^ Os6Li8^ Os6Li9^ Os6L20^ Os6L2i^ Os6L22^ OS6L23^ OS6L24^ OS6L25^**

CAPÍTULO I

SÉRIE CAPPING

As seguintes séries de capping representam os clusters de cintura verde do fragmento parental Os6.

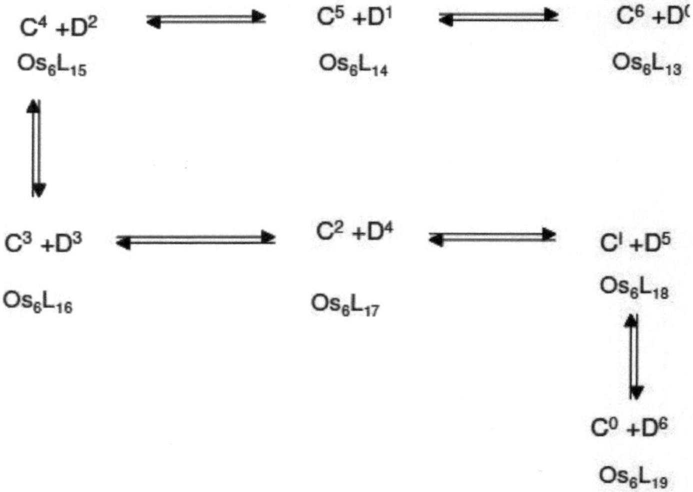

Vamos monitorizar as alterações nos 6 elementos esqueléticos do ósmio à medida que variamos o ambiente dos electrões de valência. Se começarmos com $Os6L13$ e adicionarmos um ligante extra, produzimos $Os6L14$. Em $L13$, o aglomerado tem todos os 6 elementos esqueléticos de cobertura e nada no núcleo, exceto dois electrões. Mas quando se adiciona um ligando L adicional de dois electrões, estes dois electrões transferem um dos elementos do esqueleto de cobertura e colocam-no no núcleo. Isto resulta numa alteração do modo de capeamento de $K^*=C^6+D^0$ para $K^*=C^5+D^1$. A camada nuclear (D^z) ganha um eletrão enquanto a camada de cobertura (C^y) o perde. Após a adição de um ligando de dois electrões, para obter um aglomerado $L15$, outro elemento de cobertura migra para a camada nuclear, tornando-se D^2, enquanto a camada de cobertura diminui de C. Este processo continua até C^4. O processo continua até que todos os elementos de capeamento tenham ido para o núcleo e o modo de capeamento se torne $K^*=C^0+D^6$. Nesta fase, a fórmula do cluster torna-se F= $Os6L19$ [neste caso aparece na forma $Os6(CO)_{18}^{2-}$]. Este cluster pertence à série da família S=4n+2 (série closo).

Assim, o aumento da densidade eletrónica para o fragmento parental resulta na diminuição das tendências de encapsulamento e vice-versa. Por outras palavras, a camada nuclear expande-se (D^z) enquanto a camada de capeamento (C^y) diminui e o oposto ocorre quando a densidade eletrónica é reduzida.

Se invertermos o processo e removermos um único ligando de Os_6L_{19} para Os_6L_{18}, um elemento esquelético desloca-se do invólucro nuclear para o invólucro de cobertura, obtemos $K^*=C^1+D^5$. Se continuarmos para Os_6L_{17}, obtemos $K^*=C^2+D^4$. Todo o processo de inversão pode ser expresso como: $C^0+D^6 \rightarrow C^1+D^5 \rightarrow C^2+D^4 \rightarrow C^3+D^3 \rightarrow C^4+D^2 \rightarrow C^5+D^1 \rightarrow C^6+D^0 \rightarrow$| para além , começamos a gerar fragmentos metálicos.

Consideremos o aglomerado $F=Os_4(CO)_{14}$ que ocorre na cintura azul. Sabemos que o elemento esquelético ósmio tem um número esquelético K=5 e a sua valência esquelética=2K=10. De acordo com a Nova Teoria dos Aglomerados, o fragmento parental, Os4, contém K=4[5] =20 ligações esqueléticas. Quando o fragmento se liga a alguns ligandos, estas ligações são reduzidas em -0,5 por cada eletrão doado. Isto significa que um ligando doador de dois electrões, como o [CO], reduz as ligações esqueléticas do fragmento parental em -1.

As ligações esqueléticas do aglomerado formado são simplesmente aquelas que não foram removidas pelos ligandos do aglomerado. No caso do $Os_4(CO)_{14}$, K =4[5] +14[-1] =6. Os elementos esqueléticos do aglomerado de 4 ósmio serão ligados por 6 ligações esqueléticas produzindo a forma esquelética tetraédrica mostrada em F- 1. Cada uma das ligações nodais A, B, C e D representa um elemento esquelético de ósmio. Além disso, cada uma das três ligações no ponto nodal representa uma valência esquelética de um ou comporta-se como um único dador de electrões. Uma vez que um elemento esquelético de ósmio tem uma valência esquelética de 10, isto significa que, para atingir a valência necessária de 10, cada ponto nodal necessita de 7 ligações adicionais dos ligandos. Isto traduz-se em 3,5 ligandos de dois dadores de electrões em cada ponto nodal. Isto leva-nos à estrutura F-2.

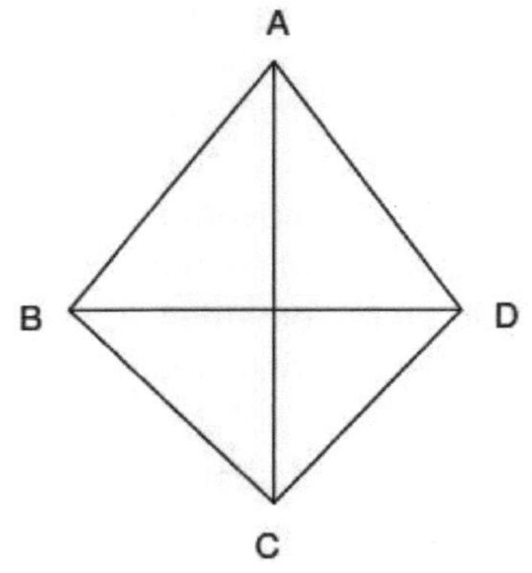

F-1

Figura 1.
A VALÊNCIA ESQUELÉTICA DE 10 PARA O ÓSMIO

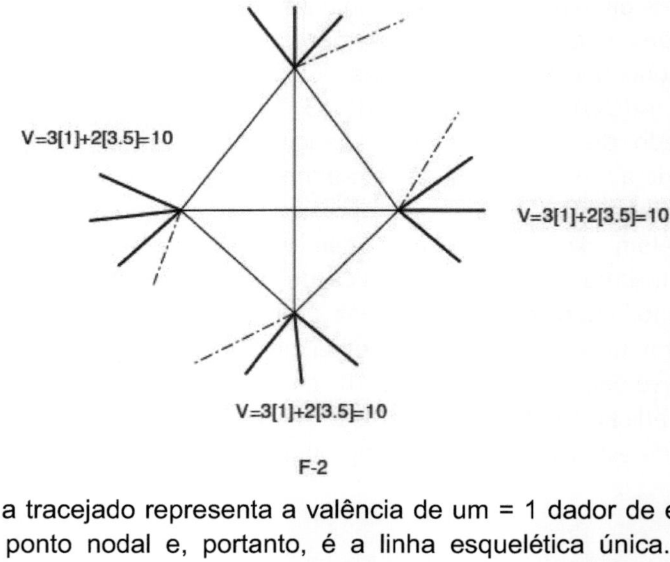

F-2

A linha a tracejado representa a valência de um = 1 dador de electrões para o ponto nodal e, portanto, é a linha esquelética única. A linha grossa representa um ligando doador de dois electrões. Quando juntamos as duas linhas a tracejado, obtemos um ligando de dois dadores de electrões em ponte e a estrutura final é mostrada em F-3. Figura 2.

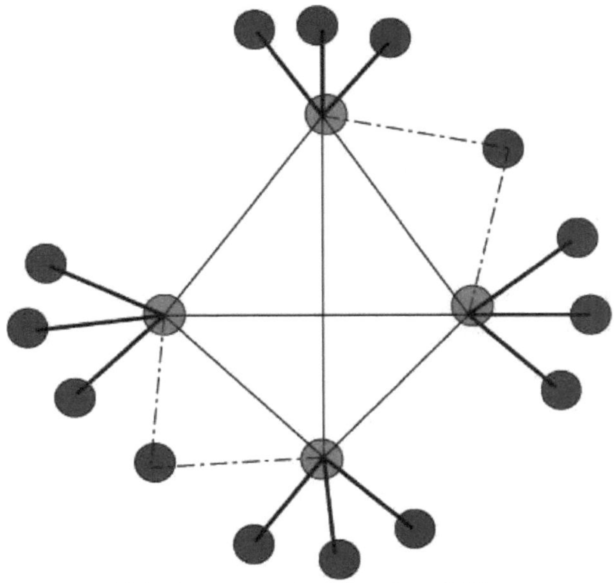

Estrutura isomérica do $Os_4(CO)_{14}$

F-3

Figura 3.

O exemplo do $Os_4(CO)_{14}$ demonstra o facto de se formar de acordo com a função geradora intrínseca R=n[K-1] +1 e a sua constituição está de acordo com V=2K=10(K=5). A nova teoria de clusters não distingue entre o ligando [H] e um fragmento de carga negativa [1] ou alquilo, R, uma vez que todos eles são considerados dadores de um único eletrão. Da mesma forma, todos os dadores de dois electrões, como [CO], [PR_3] e [NR_3], são semelhantes. Aos ligandos em agregados foram atribuídos valores K negativos, uma vez que reduzem o valor do número de agregado K. A atribuição de valores K é fácil, uma vez que a cada eletrão único doado ao agregado do fragmento-mãe é atribuído um valor K de -0,5. Os números esqueléticos dos elementos esqueléticos e dos ligandos selecionados. OS ELEMENTOS ESQUELÉTICOS TENTAM REPRESENTAR AS SUAS VALÊNCIAS ESQUELÉTICAS NAS SUAS FORMAÇÕES DE AGREGADOS.

O progenitor Os_4, P: K=4[5] =20

Os ligandos,14[CO]: K=14[-1] =-14

Líquido: K=20+ [-14] =6

Em princípio, isto significa que qualquer combinação de ligandos que dê o K=6 resultante ao Os_4 parental, gerará uma forma tetraédrica. Assim, os seguintes clusters são todos parentes do $Os_4(CO)_{14}$; $Os_4(H)(CO)_{13}^{-1}$, $Os_4(CO)_{13}H_2$, $Os_4(CO)_{12}H_2^{2-}$, $Os_4(CO)_{12}H_3^{-1}$, e $Os_4(CO)_{12}H_4$.

CAPÍTULO II

O DUPLO SIGNIFICADO DO NÚMERO DE AGRUPAMENTO, K

Vimos que o cluster $Os_4(CO)_{14}$ tem um número de cluster K=6. Uma vez que está ligado a 4 elementos esqueléticos, é referido como um parâmetro K(n)=6(4). O cluster tem 6 ligações esqueléticas. Ao mesmo tempo, significa também que faltam 6 pares de electrões para que os 4 elementos esqueléticos do ósmio atinjam a configuração de 18 electrões. Idealmente, se adicionarmos 6 ligandos doadores de dois electrões ao aglomerado, este decompor-se-á em 4 fragmentos mono-esqueléticos individuais ou aglomerados que obedecem à regra dos 18 electrões.

$$Os_4(CO)_{14} + 6\,CO \longrightarrow 4\,Os(CO)_5$$

Uma outra forma de ver a valência esquelética de um elemento esquelético é considerá-la como o NÚMERO DE ELÉCTRODOS DE VALÊNCIA DE QUE PRECISA PARA CUMPRIR A REGRA DOS 18 ELÉCTRODOS NO CASO DOS ELEMENTOS DE TRANSIÇÃO OU A REGRA DOS 8 ELÉCTRODOS NO CASO DOS ELEMENTOS DO GRUPO PRINCIPAL. No caso do elemento esquelético ósmio, V=10, uma vez que pertence ao grupo 8 da tabela periódica.

Tabela 1. Números esqueléticos e suas valências correspondentes

					K	V=2K
		Lu	Ya	Sc	7.5	15
		Hf	Zr	Ti	7	14
		Ta	Nb	V	6.5	13
		W	Mo	Cr	6	12
		Re	Tc	Mn	5.5	11
		Os	Ru	Fe	5	10
		Ir	Rh	Co	4.5	9
		Pt	Pd	Ni	4	8
		Au	Ag	Cu	3.5	7
		Hg	Cd	Zn	3	6
Cs	Rb	K	Na	Li	3.5	7
Ba	Sr	Ca	Mg	Ser	3	6
Tl	Em	Ga	Al	B	2.5	5
Pb	Sn	Ge	Si	C	2	4
Bi	Sb	Como	P	N	1.5	3

Po	Te	Se	S	O	1	2
	I	Br	Cl	F	0.5	1
	Xe	Kr	Ar	Ne	0	0

Tabela 2. NÚMEROS ESQUELÉTICOS DE LIGANDOS SELECCIONADOS						
-0.5	-1.0	-1.5	-2.0	-2.5	-3.0	+0.5
H	CO	NÃO	RP	C5H5	CeH	
F	N2	C3H5				
Cl	PR3					
Br						
I						
CN						
R						
-1 carga						+1 carga

CAPÍTULO III

AS EQUAÇÕES FUNDAMENTAIS DA NOVA TEORIA DOS CLUSTERS

A análise dos clusters deu origem ao desenvolvimento de novas equações. Estas são apresentadas a seguir:

i. S=4n+q, S=representa a série do cluster, n= número de elementos esqueléticos num cluster, e q é a constante de categorização. Por exemplo, quando q=2, obtemos os grupos closo, q=4, a série nido, q= 6 a série da família arachno e assim por diante. A equação aplica-se tanto aos metais de transição como aos elementos do grupo principal. A equação é utilizada para calcular os electrões de valência dos clusters do grupo principal, caso em que a alteramos para

ii. VE=4n+q.

A equação correspondente para calcular os electrões de valência de um cluster é

iii. VE=14n+q

iv. O número de ligações esqueléticas de um cluster pode ser derivado da equação de categorização por:

v. K= 2n- / q

Isto aplica-se tanto aos elementos do grupo principal como aos elementos metálicos de transição.

Podemos modificar esta equação multiplicando-a por 2. Isto dá-nos:

vi. 2K=4n-q Se adicionarmos (ii) e (vi), obtemos

vii. VE+2K=8n Isto pode ser reorganizado para nos dar;

viii. VE=8n-2K para os conjuntos de elementos do grupo principal

Adicionando (iii) e (vi) obtemos

ix. VE+2K=18n e, por rearranjo, obtém-se

x. VE=18n-2K para os aglomerados de metais de transição.

CAPÍTULO IV

CATEGORIZAÇÃO DE CLUSTERS

A nova teoria dos clusters revelou que uma fórmula de cluster contém informação muito importante sobre si própria. A fórmula do agrupamento é decomposta num único número inteiro numérico utilizando números esqueléticos. Conhecendo o número de elementos esqueléticos num aglomerado, obtém-se um parâmetro K(n). A partir deste parâmetro, o cluster é categorizado e os electrões de valência do cluster são obtidos através de um cálculo com uma das equações de valência do cluster. Além disso, prevê-se a geometria provisória do cluster e ou deriva-se uma estrutura isomérica. A relação entre a fórmula do cluster, o número do cluster e a estrutura isomérica está resumida na Figura 4.

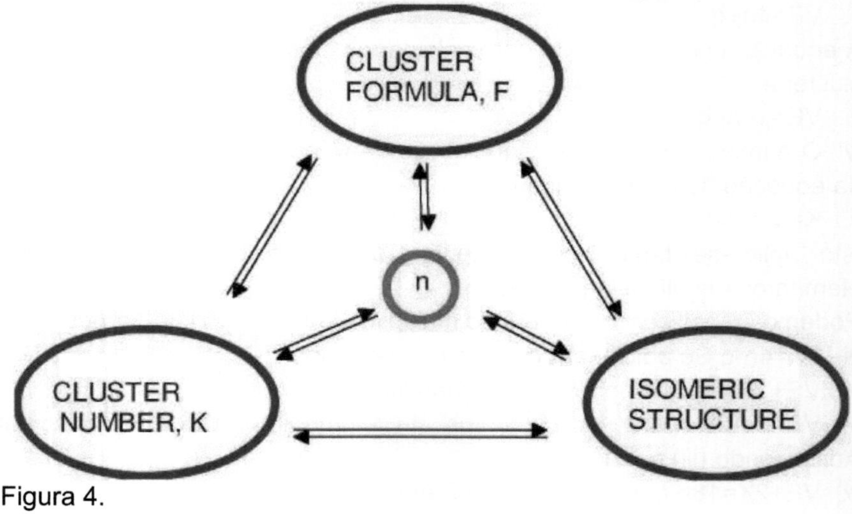

Figura 4.

CAPÍTULO V

O PRINCÍPIO SUBJACENTE AO NÚMERO DE AGRUPAMENTOS, K

Os elementos esqueléticos interagem com os ligandos para produzir um número positivo referido como número de cluster, K. Os ligandos podem ser ligandos comuns puros ou cargas, positivas ou negativas, ou uma mistura dos mesmos. Os elementos esqueléticos têm valores positivos intrínsecos e aos ligandos foram então atribuídos valores negativos. Se atribuirmos à grande contribuição de todos os elementos esqueléticos num agregado o valor KSE, que é POSITIVO, e os ligandos do agregado tiverem um valor NEGATIVO KLG, então o número de agregado K é dado por K=KSE-KLG.

Tomemos o exemplo do B5H9 dado abaixo. O número esquelético do boro K=2,5 e, por conseguinte, cinco elementos esqueléticos de boro terão uma rede de KSE=5[2,5] =+12,5. Os 9 átomos de hidrogénio, todos eles dadores de um único eletrão para o fragmento-mãe B5, terão um KLG combinado=9[-0,5] =-4,5, pelo que o número de cluster de B5H9 será K=12,5-4,5=8. Uma vez que existem cinco elementos esqueléticos, o parâmetro K(n) é 8(5). Isto significa que os 5 elementos esqueléticos estão ligados por 8 ligações esqueléticas. O parâmetro K(n)=8(5) é utilizado para gerar a série de agrupamentos S=4n+q, o parâmetro de categorização K*, a estrutura esquelética e a sua estrutura isomérica correspondente, como se mostra na Figura 6.

ORDEM A PARTIR DA DESORDEM

É difícil dizer as semelhanças ou diferenças entre os clusters apenas olhando para as fórmulas dos clusters. A abordagem predominante tem sido a correlação de electrões de valência de clusters conhecidos com determinadas formas. No entanto, com a nova teoria dos clusters, isto pode agora ser feito facilmente através da comparação do parâmetro K(n). Isto é bem demonstrado pelo parâmetro K(n)=8(5) que representa uma simetria ideal de pirâmide quadrada, C4v. Os clusters selecionados são: B5H9, C2B3H7, B4H8Fe (CO)3, B4H8CoCp, $Re_5(C)(CO)_{16}(H)^{2-}$ e Bi_5^{+1}. Estes clusters também pertencem à família de séries de clusters S=4n+4 (família nido) e são do clã D6, cuja forma ideal é octaédrica. Todos eles têm falta de um elemento esquelético para atingir uma geometria octaédrica e, por isso, o seu parâmetro de categorização é $K^*=C^{-1}+D^6$.

O denominador comum para estes aglomerados é K=8 para 5 elementos esqueléticos. Esta geometria é também caracterizada por

VE=74 para os clusters de metais de transição e 24 para os elementos do grupo principal. Quando os números esqueléticos são inseridos numa fórmula de grupo que se decompõe num único número inteiro, fazem com que todos os diferentes elementos esqueléticos sejam membros da "mesma equipa", mas com contribuições diferentes para a equipa. Isto permite-nos adicioná-los livremente e utilizar o símbolo [n] para todos eles e estabelecer as equações de agrupamento simples.

CAPÍTULO VI

CONSTRUÇÃO DE ESTRUTURAS ISOMÉRICAS

Existem dois parâmetros importantes que nos podem guiar na construção dos aglomerados isoméricos. São eles o parâmetro K(n) e o parâmetro $K^*= C^{y} + {}^{D(z)}$ onde y + z =n, o número total de elementos do esqueleto. O parâmetro K(n) é muito útil especialmente para os clusters quando y<0 e z>0. O parâmetro de categorização K* é útil quando y>5 mas <21 e z>0. As estruturas isoméricas são constituídas por pontos nodais que representam elementos esqueléticos. AS LIGAÇÕES ESQUELÉTICAS EM CADA PONTO NODAL DEVEM ESTAR ESTRITAMENTE DE ACORDO COM A VALÊNCIA ESQUELÉTICA CORRESPONDENTE A ESSE PONTO NODAL. AS VALÊNCIAS ESQUELÉTICAS SÃO DADAS NA TABELA 1.

Podemos reordenar o parâmetro K(n) como K=n + t onde n= número de elementos esqueléticos e que poderiam constituir uma figura de n lados, e t = o número de triângulos que poderiam ser construídos dentro da figura de n lados. Por exemplo, o parâmetro K(n)=9(5), n=5 e t=4; ou seja, 9=5+4. Podemos ilustrar isto através do seguinte processo;

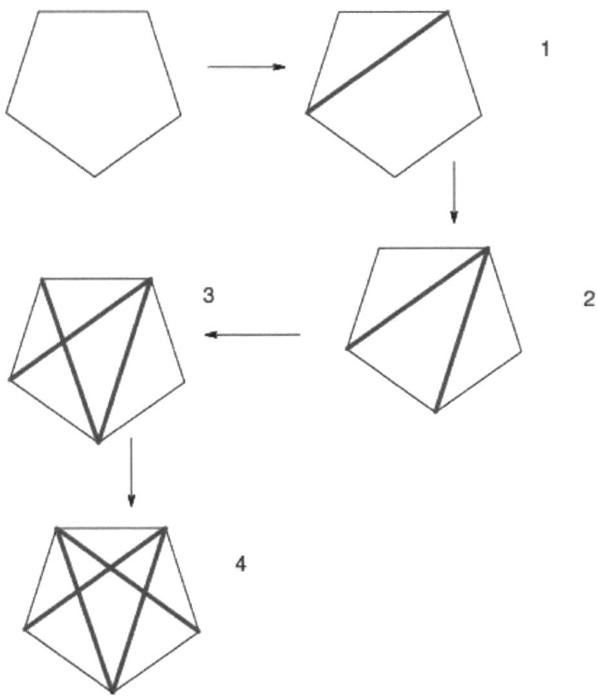

A construção de uma estrutura isomérica K(n)=9(5) hipotética

Figura 5.

Em princípio, todos os aglomerados de K(n)=9(5) serão uma combinação perfeita da estrutura isomérica com os 4 triângulos ou linhas inseridos no anel de 5 membros. Ilustremos este facto com os seguintes clusters, $B_5H_5^{2-}$, $Os_5(CO)_{16}$ e $PtRh_4(CO)_{12}^{2-}$.

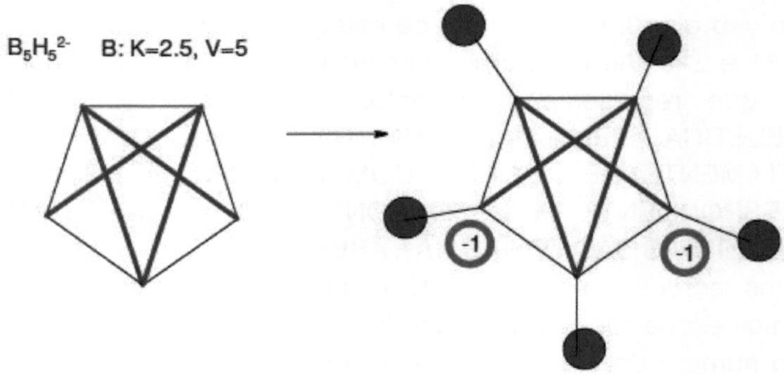

Cada ponto nodal tem 5 ligações ou 4 ligações mais uma carga, perfazendo uma rede de 5.

Figura 6.

$Os_5(CO)_{16}$

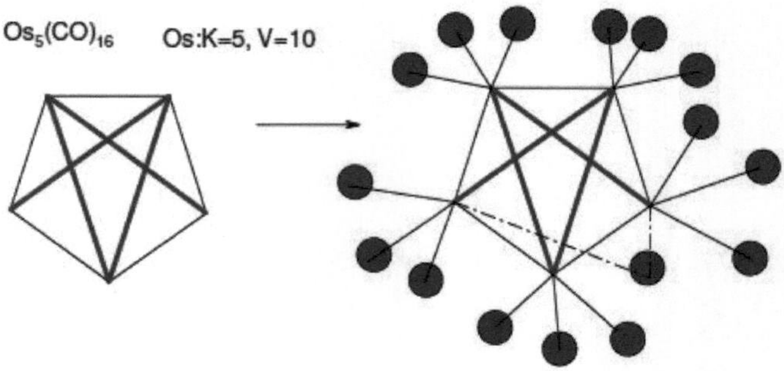

Cada ponto nodal tem 10 ligações, duas por cada ligando CO, uma vez que este é um dador de dois electrões. .

Figura 7.

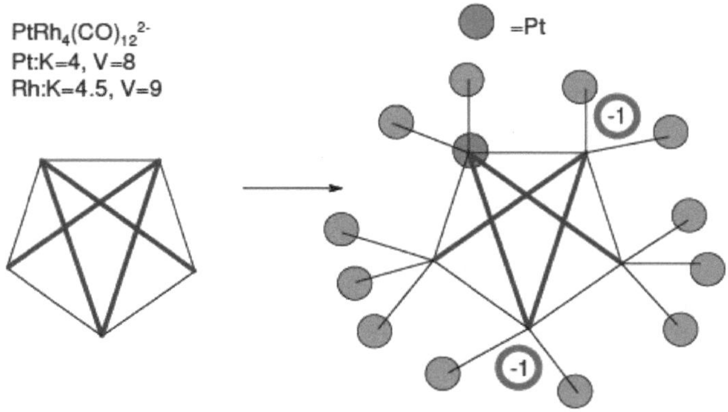

Figure 8.

Figura 8.

O elemento esquelético [Pt] tem K=4, V=8. O ponto nodal tem 4 ligações a partir da estrutura. Por conseguinte, necessitará de 4 ligações externas que são agora fornecidas por 2 ligandos [CO]. Os outros ligandos [CO] e cargas serão adicionados de forma a garantir que cada ponto nodal de ródio tenha 9 ligações.

Na família de agregados CLOSO, K= n + t em que t=n-1. Por exemplo, em $B6H6^{2-}$, K(n)=11(6) e K=11=6+5. A geometria do agregado será ser as indicadas a seguir.

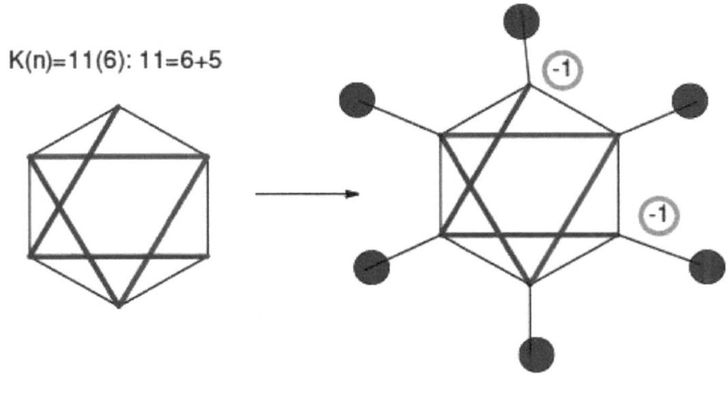

$B_6H_6^{2-}$

Figura 9

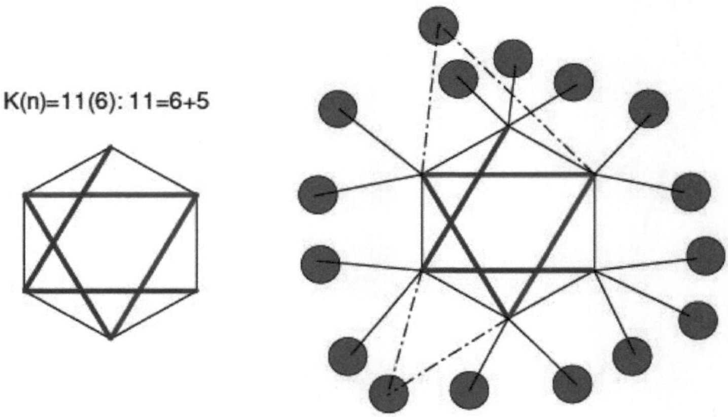

$Rh_6(CO)_{16}$

Figura 10.

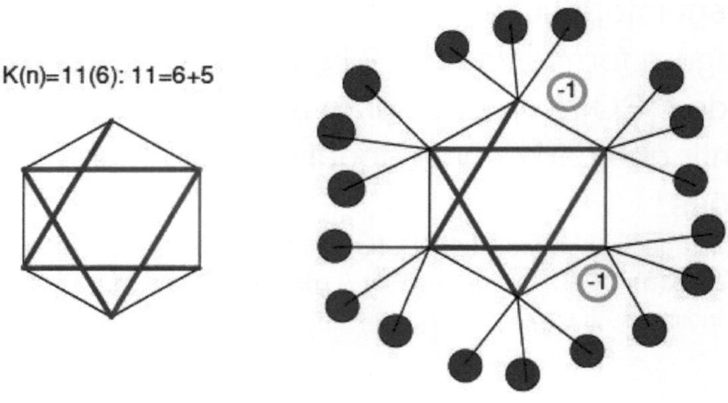

$Os_6(CO)_{18}^{2-}$

Figura 11.

A maioria dos exemplos selecionados utilizados neste livro são principalmente do GRUPO 13 ELEMENTOS: [B, Al, Ga, In, Tl], GRUPO 14; [C, Si, Ge, Sn, Pb], GRUPO 15; [As, Bi], GRUPO 6;[Mo, W], GRUPO 7;[Re], GRUPO 8,[Os];GRUPO 9;[Co, Rh, Ir], GRUPO 11,[Cu, Au]e GRUPO 12, [Zn, Cg, Hg].

Nas estruturas isoméricas construídas, a valência esquelética máxima é rigorosamente seguida. Deste modo, as estruturas isoméricas assim geradas correspondem exatamente às suas fórmulas de cluster correspondentes. A estrutura esquelética de um cluster é primeiro construída. Em seguida, os ligandos são adicionados a cada ponto nodal de acordo com a valência esquelética do ponto nodal. Os ligandos podem ser os convencionais, tais como CO, PR3 ou cargas negativas, cargas positivas ou ligandos de hidrogénio. Neste livro, o foco tem sido principalmente nos aglomerados de Zintl. No entanto, foram incluídos alguns outros clusters para efeitos de comparação. Mais de 70 clusters foram analisados, categorizados e, sempre que possível, foram fornecidas estruturas isoméricas. O leitor é aconselhado a estudar cuidadosamente cada exemplo fornecido. Ao fazê-lo, a arte de distribuir cargas e ligandos em nós esqueléticos será muito apreciada.

1. $F=B_5H_9$

K=5[2,5] +9[-0,5] =8, n=5

K(n)=8(5)

8=5+3

K=2n-2

S=4n+4(nido)

VE=4n+4=4[5] +4=24

VE=8n-2K=8]5]-2[8] =24

VF=5[3] +9=24

$K^*=C^{-1}+D^6$

y=-1, z=6

VE=2y+4z+2=2[-1] +4[6] +2=24

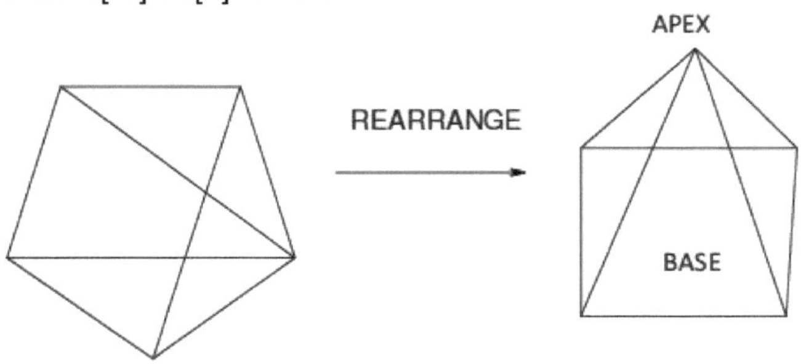

REARRANGE

Na estrutura apresentada, a BASE tem 4 pontos nodais com 3 ligações esqueléticas. Uma vez que estes pontos nodais representam elementos esqueléticos de boro, então em cada ponto nodal tem de haver 5 ligações esqueléticas correspondentes a B: K=2,5, V=5. Isto significa que temos de adicionar 2 ligandos H em cada um dos pontos nodais da base. Por outro lado, o APEX já tem 4 ligações esqueléticas. Uma vez que V=5, temos de adicionar apenas um ligando [H] de modo a satisfazer o facto de o ponto nodal necessitar apenas de 5 ligações, mas já possui 4 da estrutura esquelética e necessitará apenas de um [H] para ser adicionado ao ponto nodal. A estrutura isomérica ideal final será a mostrada na Fig. 2. A forma observada a partir de raios X pode diferir da forma hipoteticamente prevista devido a possíveis rearranjos dos ligandos ou elementos esqueléticos.

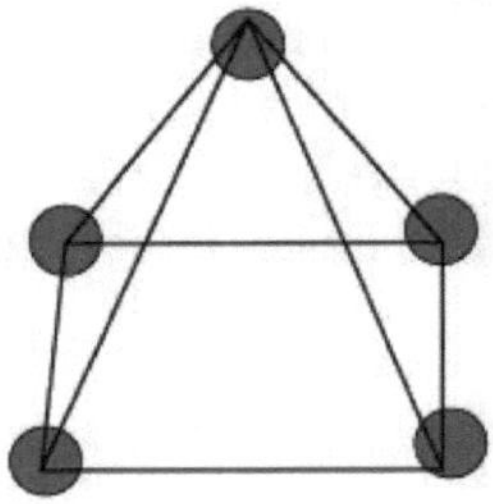

B: K=2.5, V=5

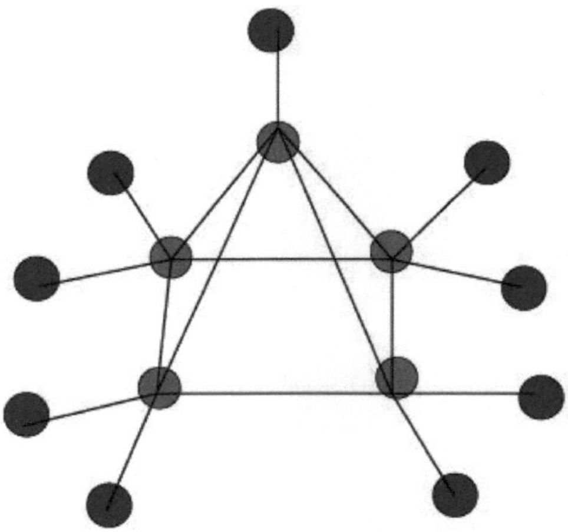

B: K=2.5, V=5

Figura 12. Estrutura isomérica do B_5H_9

2. $F=C_2B_3H_7$

K=2[2]+3[2.5]+7[-O.5]=8. n=2+3=5

K(n)=8(5)

8=5+3

K=2n-2

S=4n+4(nido)
VE=4n+4=4[5] +4=24
VE=8n-2K=8]5]-2[8] =24
VF=2[4] +3[3]+7=24
$K^{*}=C^{-1}+D6$
y=-1, z=6
VE=2y+4z+2=2[-1] +4[6] +2=24

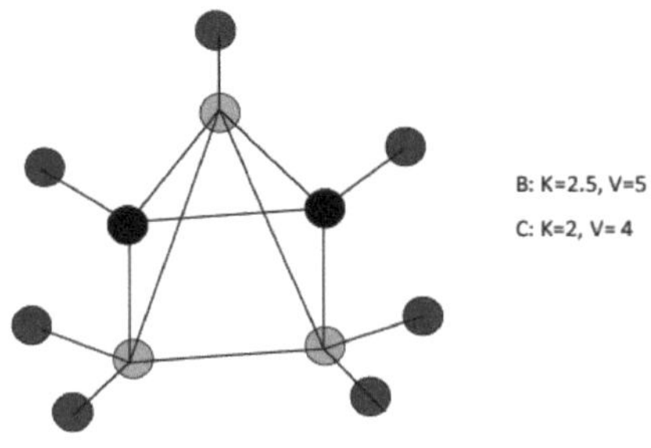

Isomeric structure of $C_2B_3H_7$

Figura 13.

B: K=2,5, V=5
C: K=2, V= 4

No cluster $C_2B_3H_7$, os elementos esqueléticos [C] seguirão a valência esquelética de 4 enquanto os elementos esqueléticos [B] retratarão a valência esquelética de 5. Isto é o que produz a Fig. 3.

3. $F=B_4H_8Fe(CO)_3$

K=4[2.5] +8[-0.5] +1[5] +3[-1] =8, n=4+1=5
K(n)=8(5)
K(n)=8(5)
8=5+3
K=2n-2
S=4n+4(nido)
VE=4n+4+10m(m=1) =4[5] +4+10=34; [10m] é adicionado como um ajuste para a presença do elemento esquelético metálico.
VE=8n-2K+10=8]5]-2[8] +10=34
VF=4[3] +8+8+6=34
$K^{*}=C^{-1}+D^{6}$
y=-1, z=6
VE=2y+4z+2+10=2[-1] +4[6] +2+10=34
8: K=2,5, V=5
O fragmento [Fe $(CO)_3$] tem um valor K de 5-3=2. Neste sentido, comportar-se-á como um elemento esquelético [C] exercendo uma

valência esquelética de 4. A estrutura isomérica da Fig. 4 está construída de acordo com este conceito.

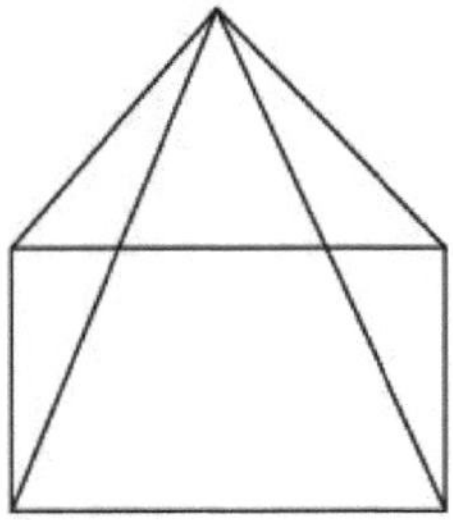

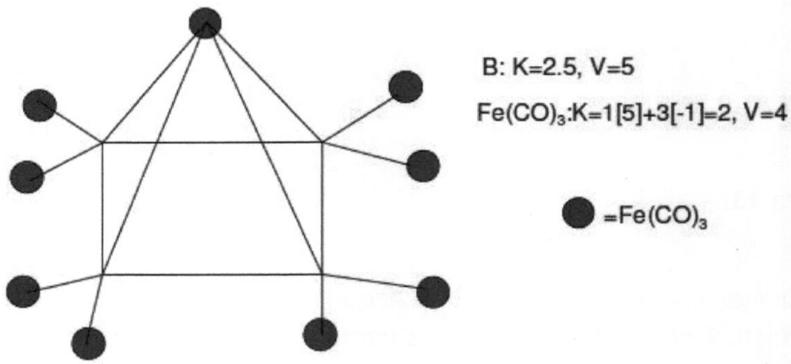

Figura 14.

4. $F=B_4H_8CoCp$
K=4[2.5] +8[-0.5] +1[4.5-2.5] =8, n=4+1=5
K(n)=8(5)
8=5+3
K=2n-2
S=4n+4(nido)
VE=4n+4+10m(m=1) =4[5] +4+10=34
VE=8n-2K+10=8]5]-2[8] +10=34
VF=4[3] +8+9+5=34
$K^{*}=C^{-1}+D6$
y=-1, z=6
VE=2y+4z+2+10=2[-1] +4[6] +2+10=34
8: K=2,5, V=5
CoCp: K=4,5-2,5=2, V=4.
Isto significa que o fragmento também se comporta como um elemento

esquelético [C]. Assim, a relação isolobal existe.

$[Fe(CO)_3] \longleftrightarrow [CoCp] \longleftrightarrow [C]$

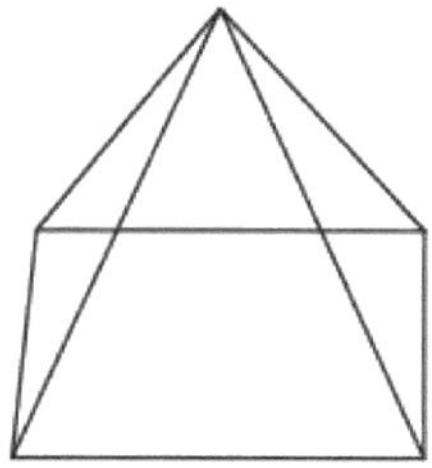

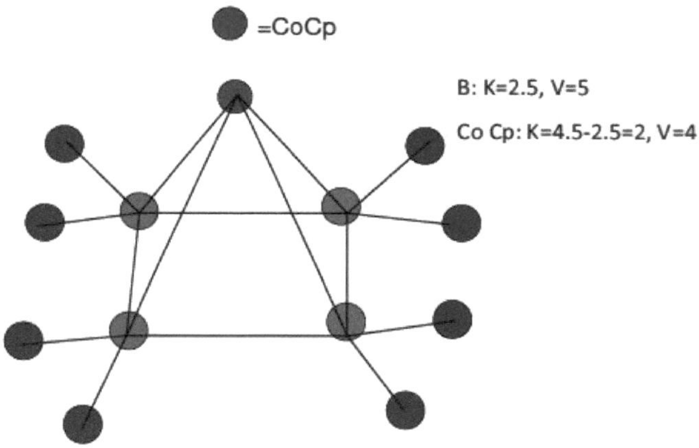

Isomeric structure of B_4H_8CoCp

Estrutura isomérica do B_4H_8CoCp

Figura 15.

$F=Re_5(C)(CO)_{16}(H)^{2-}$
$K=5[5.5] +1[-2] +16[-1] + 1[-0.5] +2[-0.5] =8$, $n=5$
$K(n)=8(5)$
$8=5+3$
$K=2n-2$
$S=4n+4$
$VE=14n+4=14[5] +4=74$
$VE=18n-2K=18[5]-2[8] =74$
$VF=5[7] +4+32+3=74$

$K^{*}=C^{-1}+D^{6}$
y=-1, z=6
VE=12y+14z+2=12[-1] +14[6] +2=74

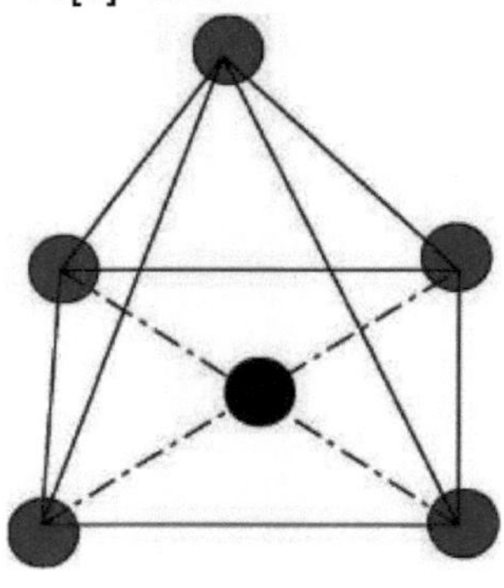

Considere o fragmento [Re $(CO)_{3.5}$]. O valor de K=5,5-3,5=2 - [C]. Este fragmento é isolobal para [$Fe(CO)_3$] e [Co Cp].

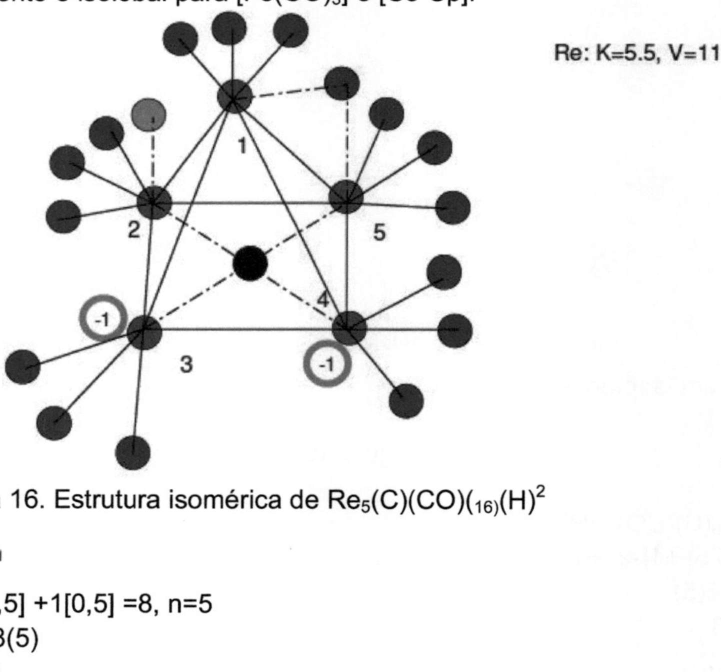

Figura 16. Estrutura isomérica de $Re_5(C)(CO)(_{16})(H)^2$

$F=Bi_5^{+1}$
K=5[1,5] +1[0,5] =8, n=5
K(n)=8(5)
8=5+3
K=2n-2
S=4n+4(nido)
VE=4n+4=4[5] +4=24

VE=8n-2K=8]5]-2[8] =24

VF=5[5]-1=24

$K^{*}=C^{-1}+D^{6}$ y=-1, z=6

VE=2y+4z+2=2[-1] +4[6] +2=24

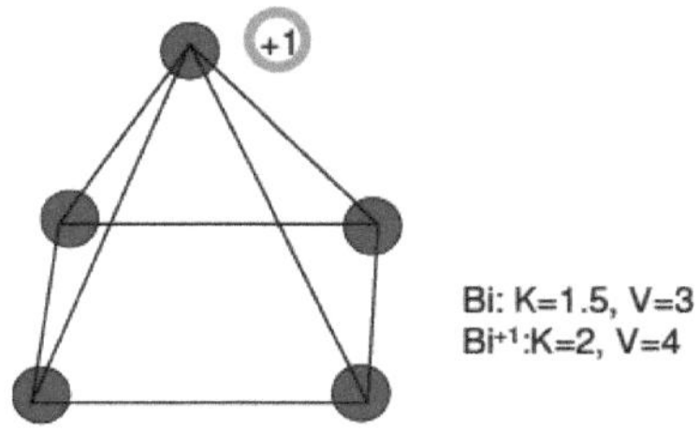

Isomeric structure of Bi_5^{+1}

Figura 17.

Juntando os fragmentos isolobais obtemos:

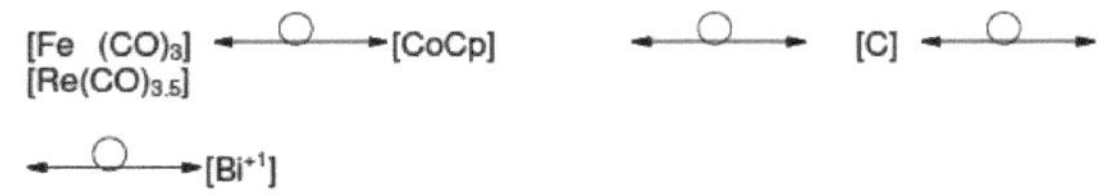

5. F=Bi_5^{3+}

K=5[1,5] +3[0,5] =9, n=5

K(n)=9(5)

9=5+4

K=2n-1

S=4n+2(família próxima)

VE=4n+2=4[5] +2=22

VE=8n-2K=8[5]-2[9] =22

VF=5[5]-3=22

$K^{*}=C^{0}+D^{5}$

y=0, z=5

VE=2y+4z+2=2[0] +4[5] +2=22

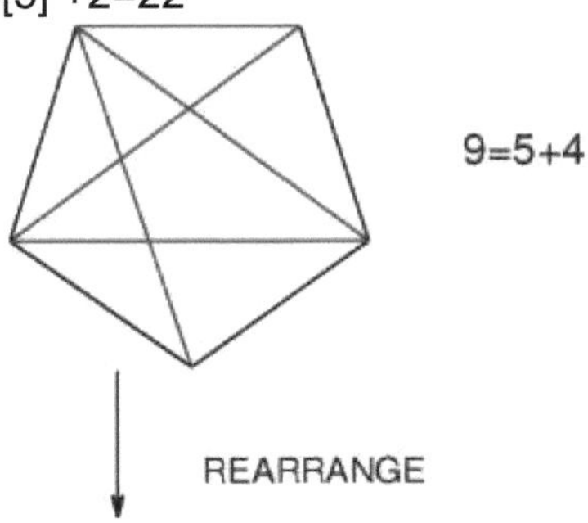

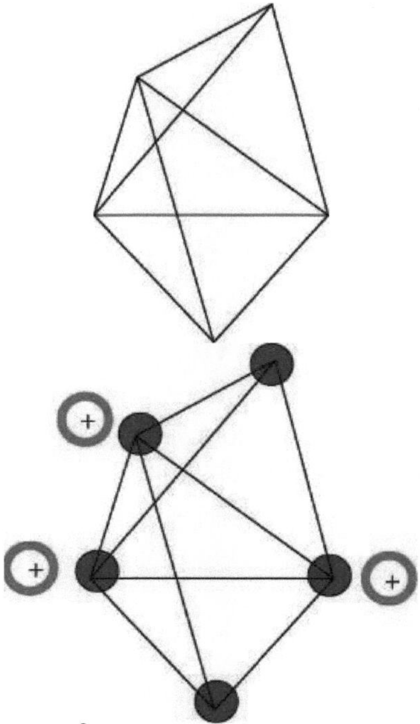

Estrutura isomérica do Bi_5^{3+}

Figura 18.

6. $F=Pb_5^{2-}$

K=5[2] +2[-0,5] =9, n=5

K(n)=9(5)

9=5+4

K=2n-1

S=4n+2(closo)

VE=4n+2=4[5] +2=22

$K^*=C^0+D^5$

y=0, z=5

VE=2y+4z+2=2[0] +4[5] +2=22

VF=5[4] +2=22

VE=8n-2K=8[5]-2[9] =22

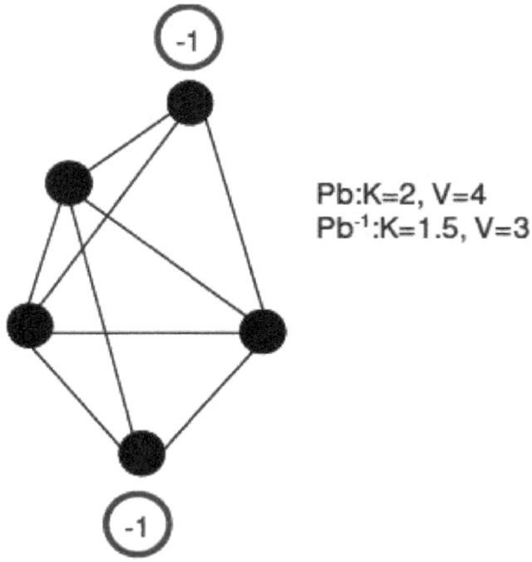

Isomeric structure of Pb_5^{2-}

Estrutura isomérica do Pb_5^{2-}

Figura 19.

Quando comparamos as Fig. 6 e 7, podemos também identificar alguma relação isolobal, nomeadamente,

$[Pb^{-1}] \leftarrow\!\bigcirc\!\rightarrow [Bi]$; K=1.5

7. $F=Pd_8(CO)_{10}L_4$

K=8[4] +10[-1] +4[-1] =18, n=8

K(n)=18(8)

18=8+10

K=2n+2

$K^*=C^3+D^5$

y=3, z=5

VE=12y+14z+2=12[3] +14[5] +2=108

VF=8[10] +10[2] +4[2] =108

S=4n-4

VE=14n-4=14[8]-4=108

VE=18n-2K=18[8]-2[18] =108

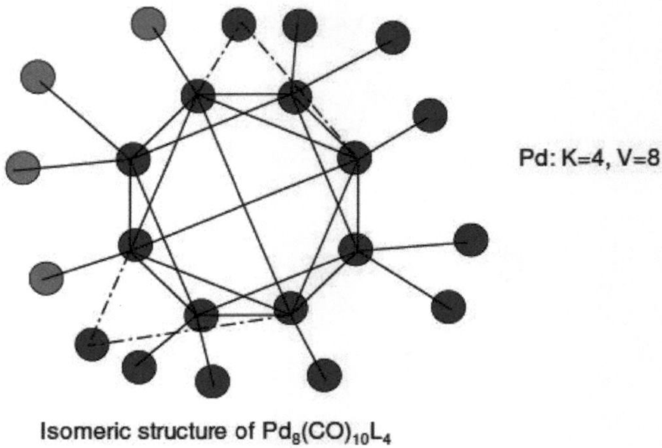

Estrutura isomérica de $Pd_8(CO)_{10}L_4$

Figura 20.

O aglomerado Pd8(CO)10L4 tem a forma de uma bipirâmide trigonal tripla, como previsto pelo parâmetro de categorização, $K^*=C^3+D^5$. Cada ponto nodal obedece estritamente à valência esquelética de 8.

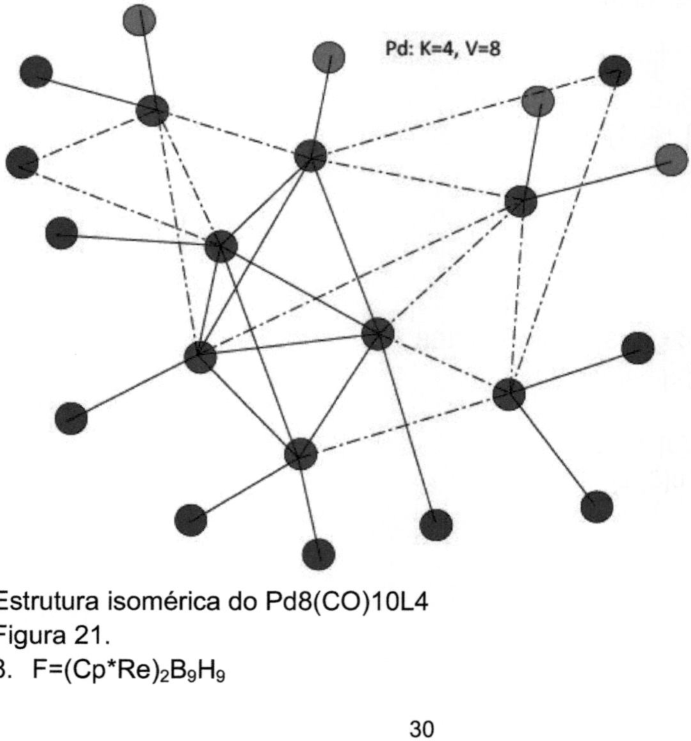

Estrutura isomérica do Pd8(CO)10L4

Figura 21.

8. $F=(Cp^*Re)_2B_9H_9$

K=2[5.5-2.5] +9[2.5] +9[-0.5] =24, n=2+9=11

K(n)=24(11)

24=11+13

K=2n+2

$K^*=C^3+D^8$

y=3, z=8, m=2

VE=2y+4z+2+10m=2[3] +4[8] +2+10[2] =60

VF=2[5+7] +9[3] +9=60

VE=8n-2K+20=8[11]-2[24] +20=60

S=4n-4+20=4[11]-4+20=60

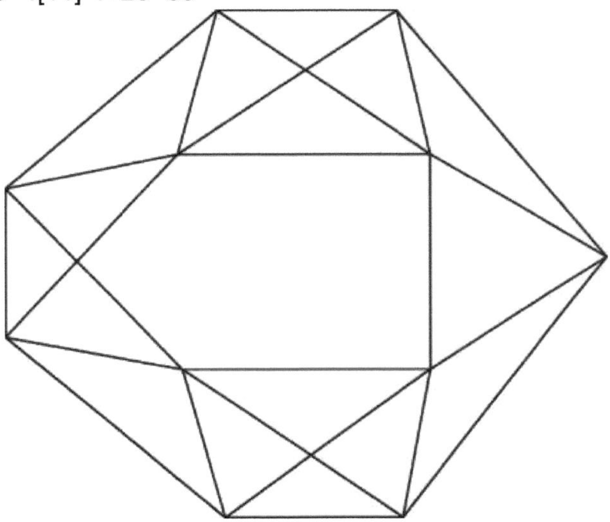

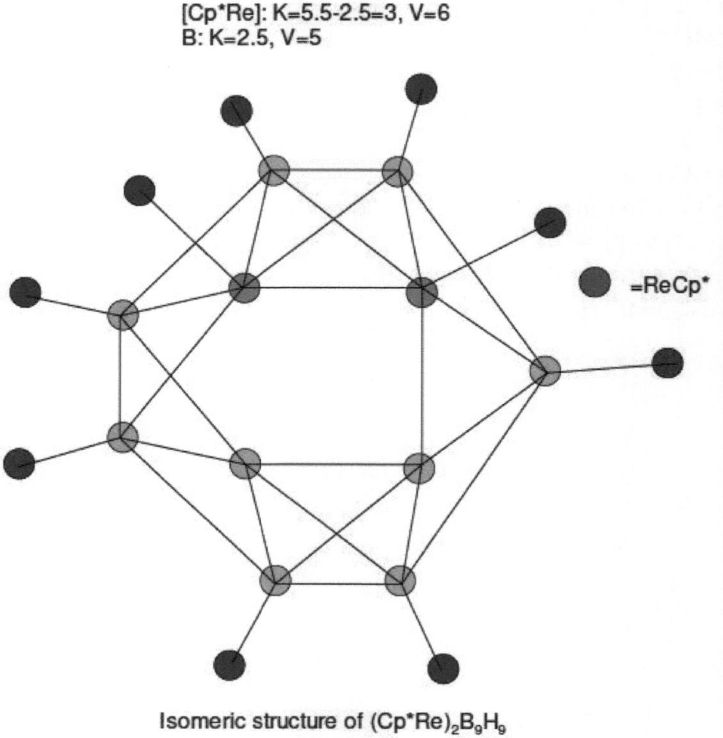

Figura 22.

9. $F=Me_2TlB_{10}H_{(12)}^{\cdot(1)}$

$K=2[-0.5]+1[2.5]+10[2.5]+12[-0.5]+1[-0.5]=20,\ n=1+10=11$

$K(n)=20(11)$

$20=11+9$

$K=2n-2$

$S=4n+4$(nido)

$VE=4n+4=4[11]+4=48$

$VF=2[1]+1[3]+10[3]+12[1]+1=48$

$VE=8n-2K=8[11]-2[20]=48$

$K^*=C^{-1}+D^{12}$

$y=-1,\ z=12$

$VE=2y+4z+2=2[-1]+4[12]+2=48$

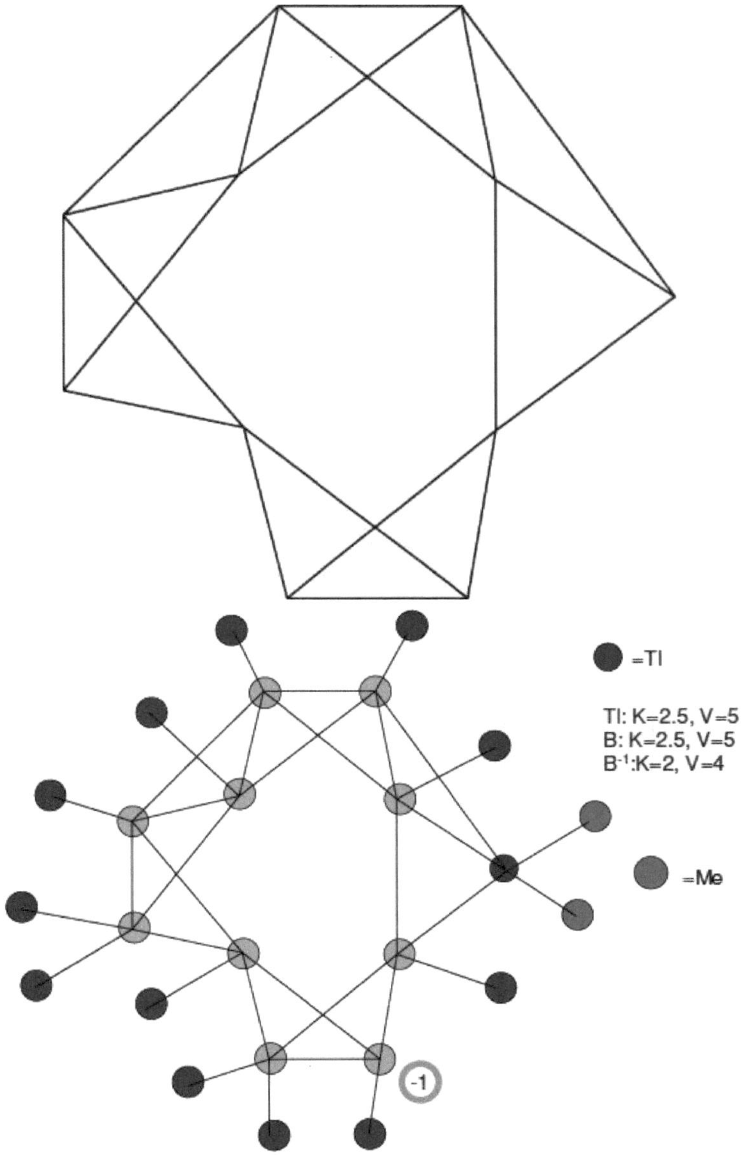

Isomeric structure of $Me_2TlB_{10}H_{12}^{-1}$

Figura 23.

10. $F=C_2B_{10}H_{12}$

K=2[2] +1O[2.5] + 12[-O.5] =23, n=2+10=12

K(n)=23(12)

23=12+11

K=2n-1

S=4n+2(família próxima)

VE=4n+2=4[12] +2=5O

VF=2[4] + 10[3] +12=5O

VE=8n-2K=8[12]-2[23] =50

$K^*=C^0+D^{12}$

y=0, z=12

VE=2y+4z+2=2[0] +4[12] +2=5O

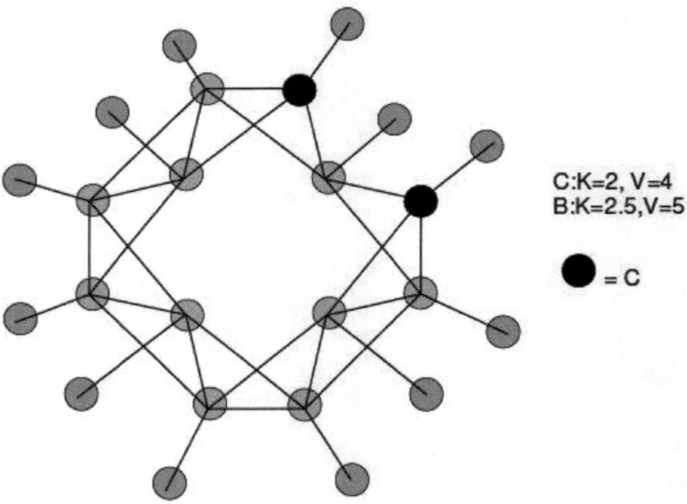

Isomeric structure of $C_2B_{10}H_{12}$

Figura 24.

11. $F=Si_4^{4-}$

$F=4[2]+4[-0,5]=6$, $n=4$

$K(n)=6(4)$

$6=4+2$

$K=2n-2$

$S=4n+4$(nido)

$VE=4n+4=4[4]+4=20$

$VF=4[4]+4=20$

$VE=8n-2K=8[4]-2[6]=20$

$K^*=C^{-1}+D^5$

$y=-1$, $z=5$

$VE=2y+4z+2=2[-1]+4[5]+2=20$

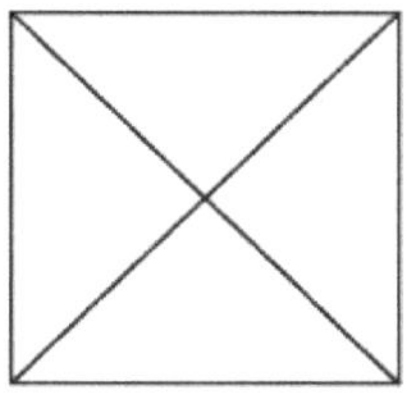

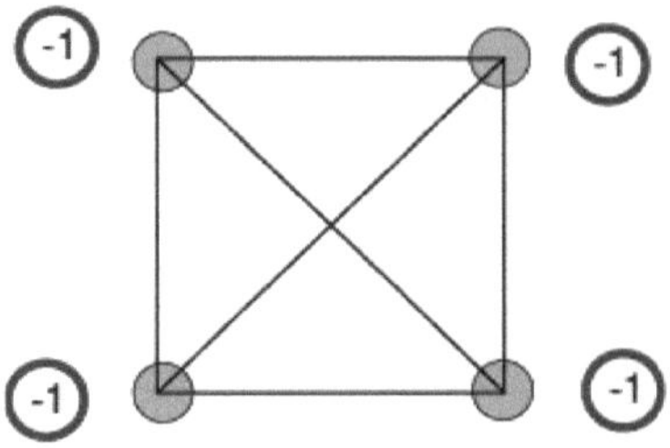

Si:K=2, V=4
Si^{-1}:K=1.5, V=3

Figura 25.

Uma vez que o elemento esquelético [P] tem K=1,5, V=3 e o mesmo acontece com o Si^{-1} ou $[Tl^{-2}]$, prevalece a relação isolobal do cluster.

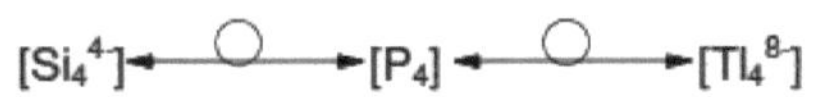

12. $F=Tl4^{8-}$

$K=4[2,5]+8[-0,5]=6$, $n=4$

$K(n)=6(4)$

$6=4+2$

$K=2n-2$

S=4n+4(nido)
VE=4n+4=4[4] +4=20
$K^*=C^{-1}+D^{5}$
y=-1, z=5
VE=2y+4z+2=2[-1] +4[5] +2=20
VF=4[3] +8=20
VE=8n-2K=8[4]-2[6] =20

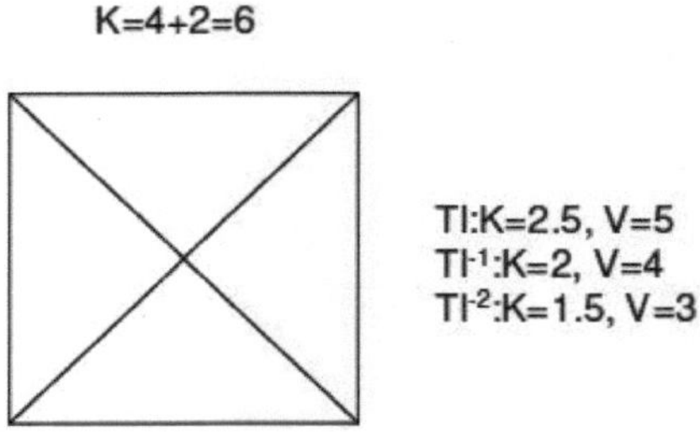

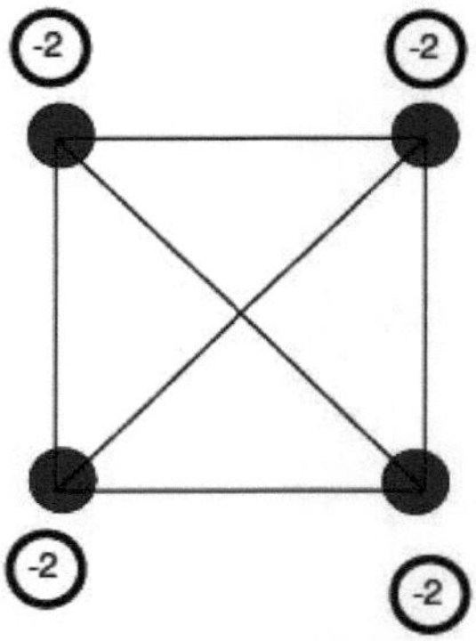

Figura 26.

13. $F=TL^{7-}$
5
K=5[2,5] + 7[-0,5] =9, n=5
K(n)=9(5)
9=5+4
K=2n-1
S=4n+2
VE=4n+2=4[5] +2 =22
VF=5[3] +7 =22

TI: K=2,5, V=5

Tl^{-1}: K=2, V=4
Tl^{2}: K=1,5, V=3

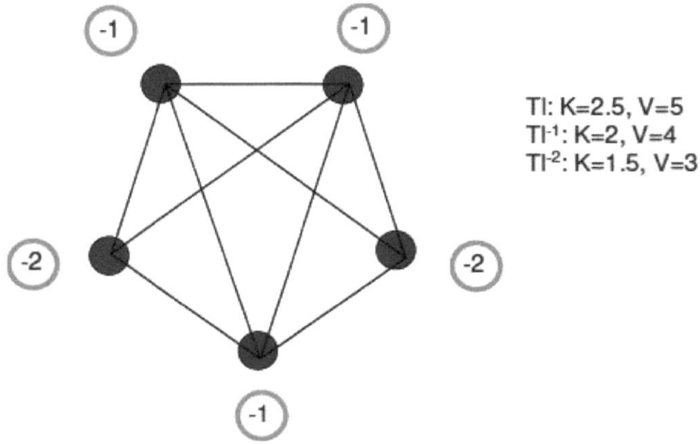

Estrutura isomérica de $F=Tl_5^{7}$

Figura 27.

14. $F=Tl_6^{6-}$
K=6[2,5] +6[-0,5] =12, n=6
K(n)=12(6)
12=6+6(6 triângulos)
K=2n+0
$K^*=C1+D^5$ y=1,z=5
VE=2y+4z+2=2[1] +4[5] +2=24
VF=6[3] +6=24
VE=8n-2K=8[6]-2[12] =24
S=4n+0
VE=4n+0=4[6] +0=24

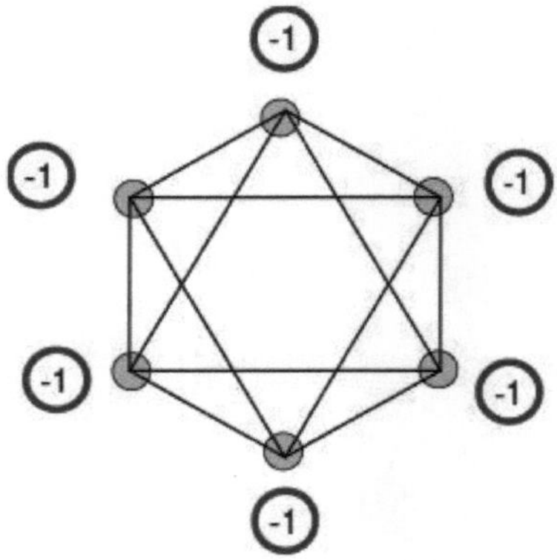

Tl: K=2.5, V=5
Tl^{-1}:K=2, V=4

Estrutura isomérica do Tl_6^6
Figura 28.

15.F=$Tl_7^{7'}$
K=7[2,5] +7[-0,5] =14, n=7
K(n)=14(7)
14=7+7
VE=8n-2K=8[7]-2[14] =28
VF=7[3] +7=28

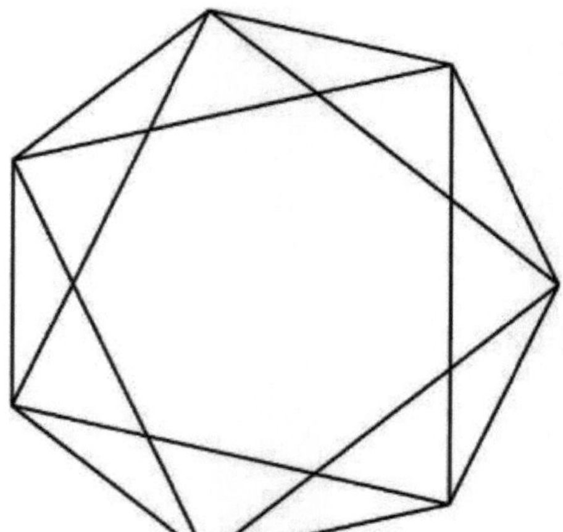

Estrutura isomérica do Tl_7^7

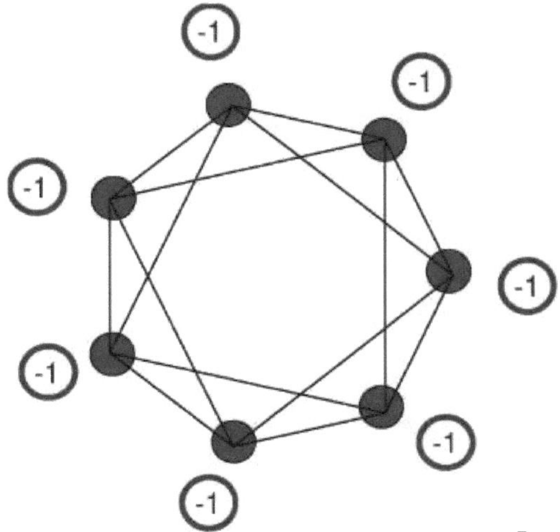

Figura 29. Estrutura isomérica do Tl_7^7

16. $F=Au_7L_7^{+1}$
K=7[3,5] +7[-1] +1[0,5] =18, n=7
K(n)=18(7)
18=7+11
K=2n+4
$K^*=C^5+D^2$
y=5, z=2
VE=12y+14z+2=12[5] +14[2] +2=90
VF=7[11] +14-1=90
VE=18n-2K=18[7]-2[18] =90
S=4n-8
VE=14n-8=14[7]-8=90

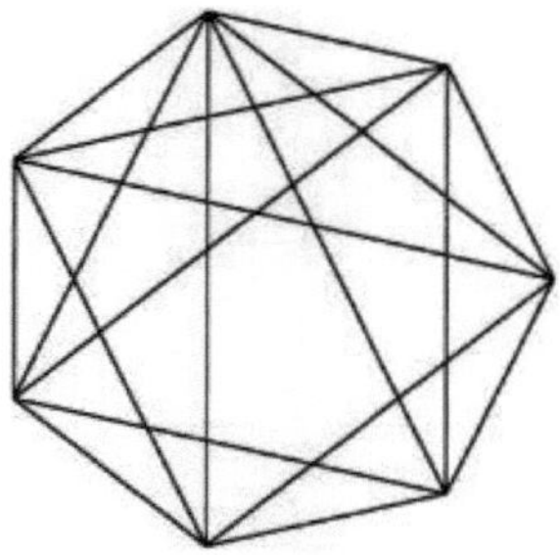

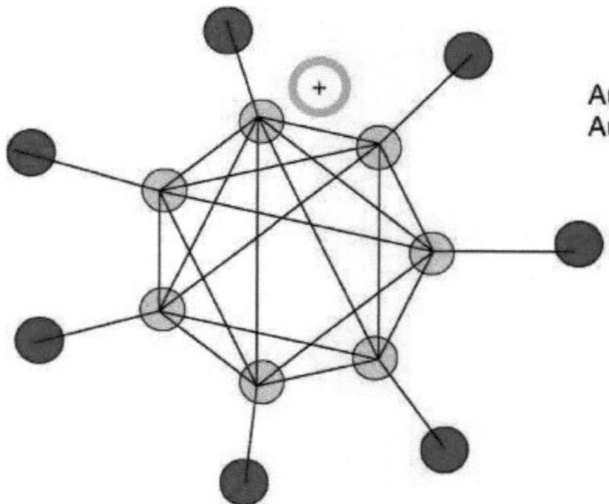

Au:K=3.5, V=7
Au^{+1}:K=4, V=8

Estrutura isomérica de $Au_7L_7^{+1}$
Figura 30.

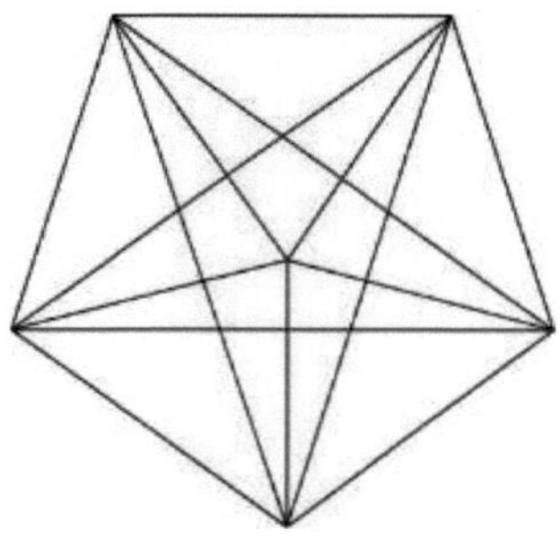

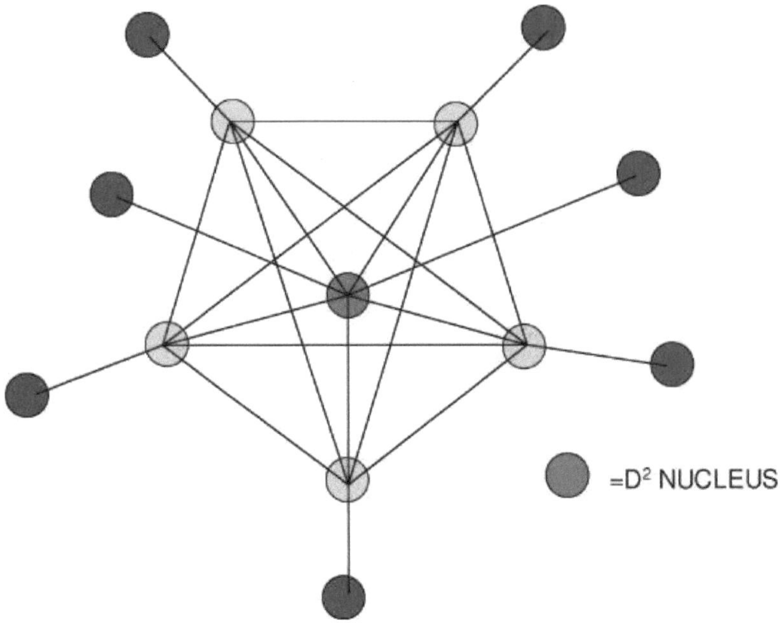

Figura 31.

17. $F=Bi_8^{2+}$

K=8[1,5] +2[0,5] =13, n=8

K(n)=13(8)

14=8+5

K=2n-3

S=4n+6(arachno)

VE=4n+6=4[8] +6=38

VF=8[5]-2=38

VE=8n-2K=8[8]-2[13] =38

$K^{*}=C^{-2}+D^{10}$

y=-2, z=10

VE=2y+4z+2=2[-2] +4[10] +2=38

Bi: K=1,5, V=3

Bi^{+1}: K=2, V=4

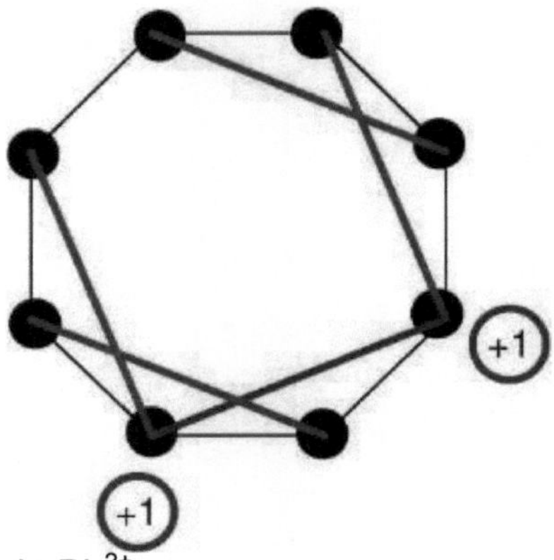

Estrutura isomérica do Bi_8^{2+}

Figura 32.

18. $F=Au_8L_8^{2+}$

K=8[3,5] +8[-1] +2[0,5] =21, n=8

K(n)=21(8)

21=8+13

K=2n+5

$K^*=C6+D^2$

y=6, z=2

VE=12y+14z+2=12[6] +14[2] +2=102

VF=8[11] +16-2=102

VE=18n-2K=18[8]-2[21] =102

S=4n-10

VE=14n-10=14[8]-10=102

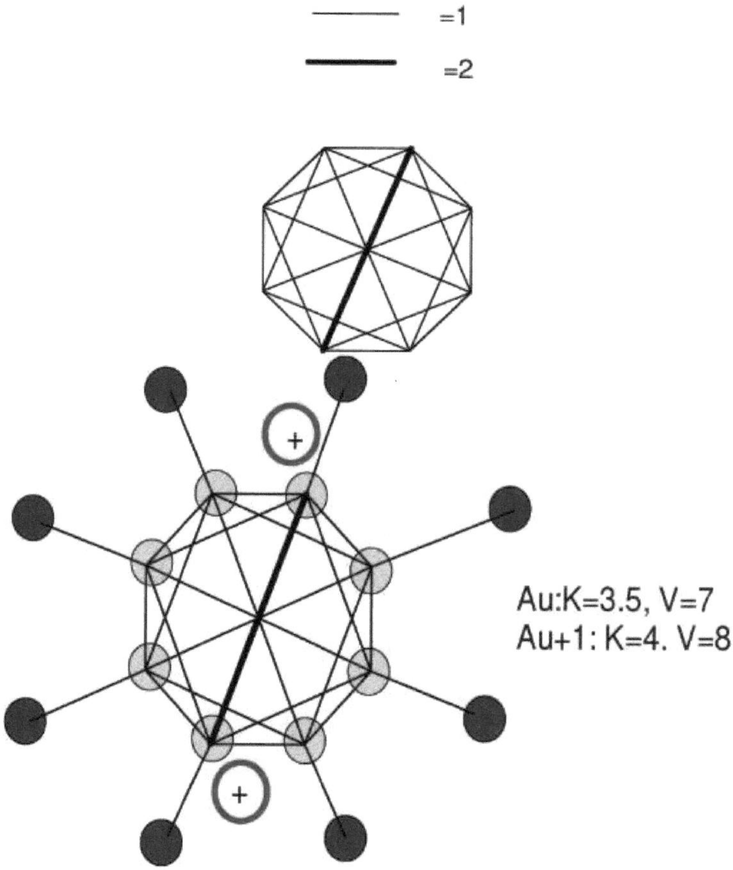

Figure 33. Isomeric structure of $Au_8L_8^{2+}$

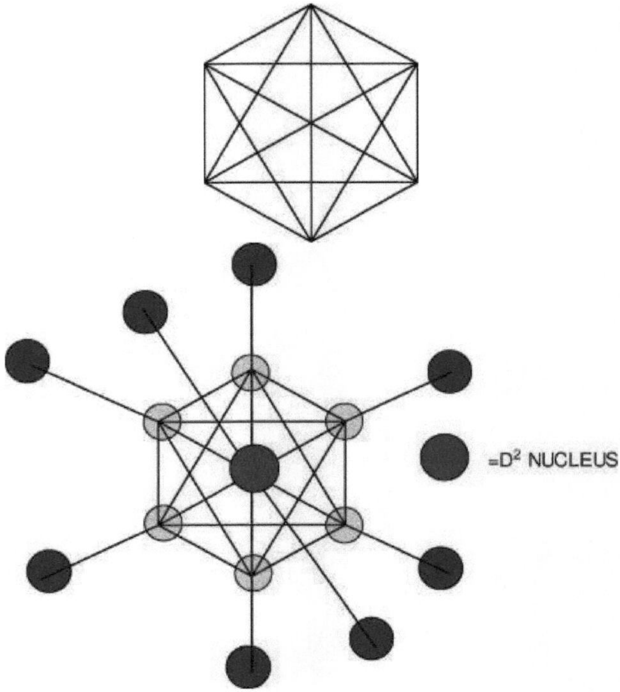

Figura 34.

19. $F=Au_8L_7^{2+}$

$K=8[3,5]+7[-1]+2[0,5]=22$, $n=8$

$K(n)=22(8)$

$K=2n+6$

$K^*=C^7{}_{+D1}$

$y=7$, $z=1$

$VE=12y+14z+2=12[7]+14[1]+2=100$

$VE=18n-2K=18[8]-2[22]=100$

$VF=8[11]+14-2=100$

$S=4n-12$

$VE=14n-12=14[8]-12=100$

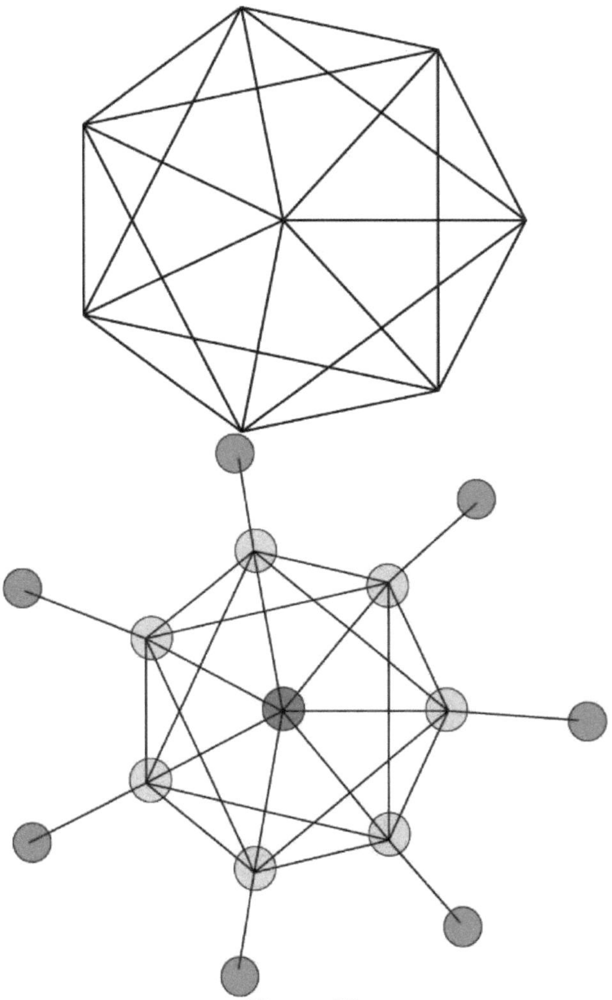

Figura 35.

20. $F=Au_8L_6^{2+}$

K=8[3,5] +6[-1] +2[0,5] =23, n=8

K(n)=23(8)

23=8+15

K=2n+7

$K^*=C^8+D^0$

y=8, z=0

VE=12y+14z+2=12[8] +14[0] +2=98

VF=8[11] +12-2=98

S=4n-14

VE=14n-14=14[8]-14=98

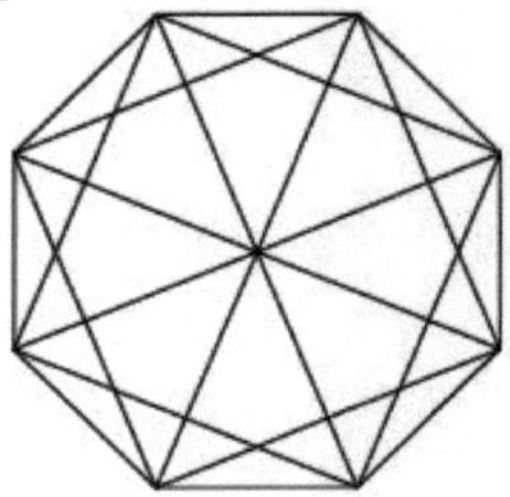

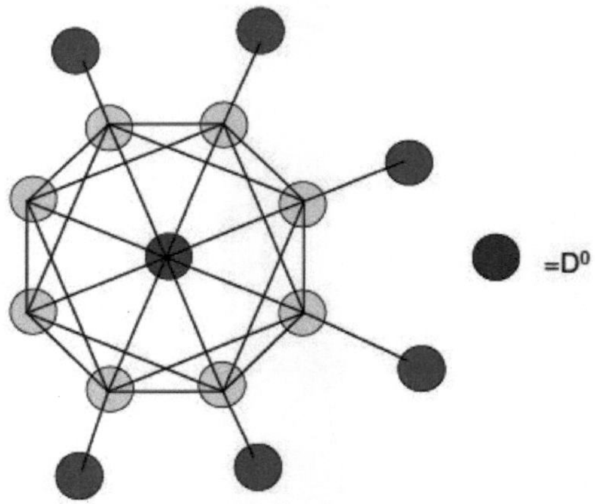

Figura 36. Estrutura isomérica do $Au_8L_6^{2+}$

21. F=B_8H_{14}

K=8[2,5] + 14[-O,5] =13, n=8

K(n)=13(8)

13=8+5

K=2n-3

S=4n+6(arachno)

VE=4n+6= 4[8] +6 =38

VF= 8[3] +14=38

$K^*=C^{-2}+D^{10}$

y=-2, z=10

VE=2y+4z+2=2[-2] + 4[1O] +2=38

VE=8n-2K=8[8]-2 [13] =38

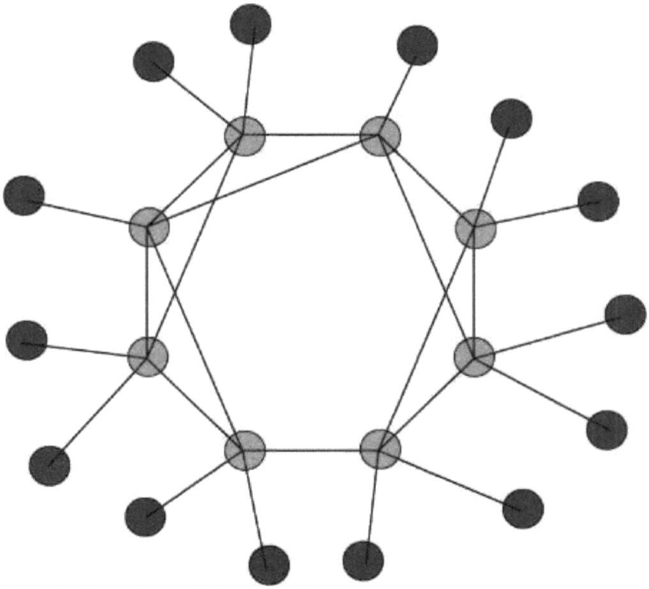

Figura 37. Estrutura isomérica do B_8H_{14}

22. $F=Bi_9^{3+}$

$K=9[1,5]+3[0,5]=15,\ n=9$

$K(n)=15(9)$

$15=9+6$

$K=2n-3$

$S=4n+6$

$VE=4n+6=4[9]+6=42$

$VF=9[5]-3=42$

$VE=8n-2K=8[9]-2[15]=42$

$K^{*}=C^{-2}+D^{11}$

$y=-2,\ z=11$

$VE=2y+4z+2=2[-2]+4[11]+2=42$

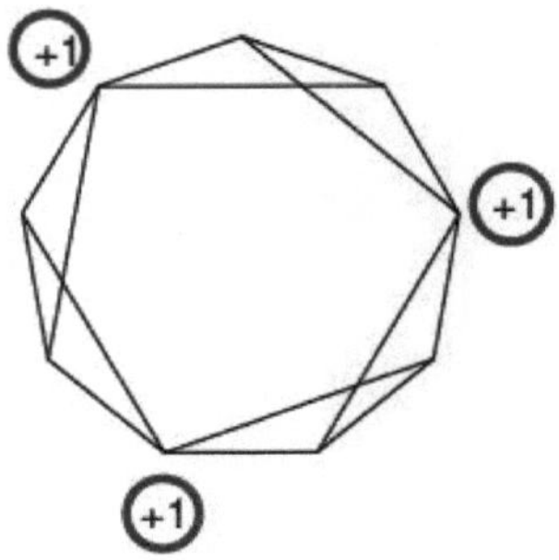

Estrutura isomérica do Bi_{9}^{3+}

Figura 38.

23. $F=Bi_9^{5+}$

K=9[1,5] +5[0,5] =16, n=9

K(n)=16(9)

16=9+7

K=2n-2

S=4n+4(nido)

VE=4n+4=4[9] +4=40

VF=9[5]-5=40

VE=8n-2K=8[9]-2[16] =40

$K^*=C^{-1}+D^{10}$

y=-1, z=10

VE=2y+4z+2=2[-1] +4[10] +2=40

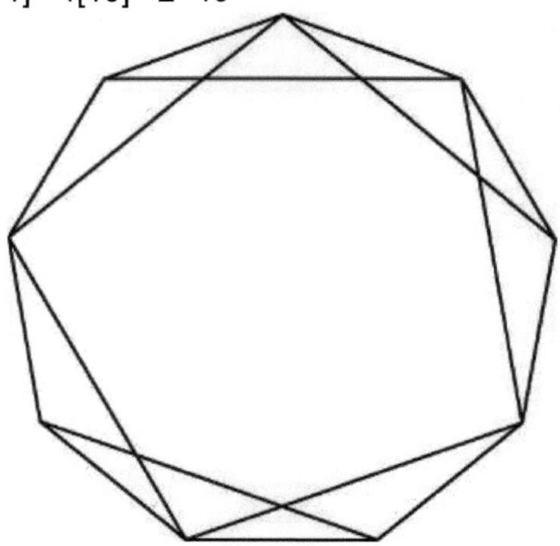

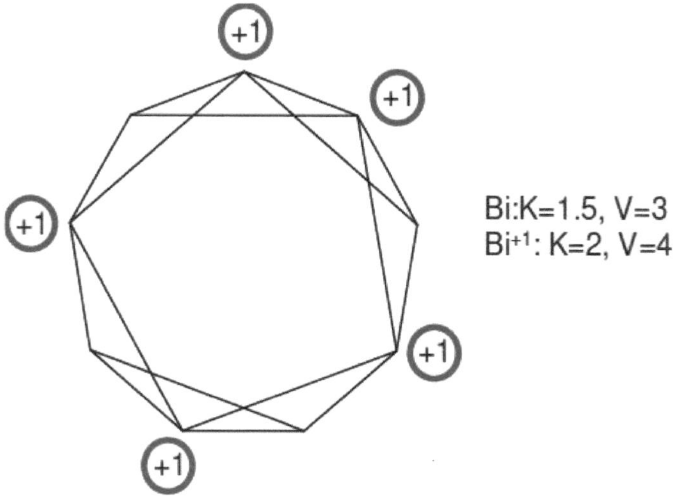

Estrutura isomérica do Bi_9^{5+}

Figura 39.

24. F=Ge_9^{4-}

K=9[2] +4[-0,5] =16, n=9

K(n)=16(9)

16=9+7

K=2n-2

S=4n+4(nido)

VE=4n+4=4[9] +4=40

VE=8n-2K=8[9]-2[16] =40

$K^*=C^{-1}+D^{10}$

y=-1, z=10

VE=2y+4z+2=2[-1] +4[10] +2=40

VF=9[4] +4=40

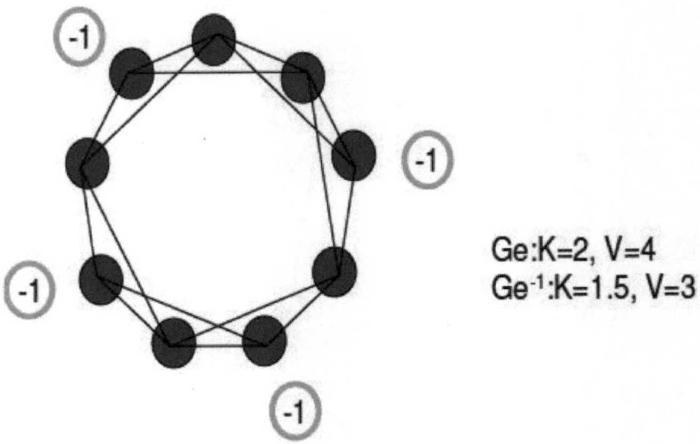

Estrutura isomérica do Ge_9^{4-}

25. F=$Tl9^{9-}$

K=9[2,5] +9[-0,5] =18, n=9
K(n)=18(9)
K=2n+0
S=4n+0
VE=4n+0=4[9] =36
18=9+9
VE=8n-2K=8[9]-2[18] =36
VF=9[3] +9=36
K*=C1+D^8
y=1,z=8
VE=2y+4z+2=2[1]+4[8]+2=2+32+2=36

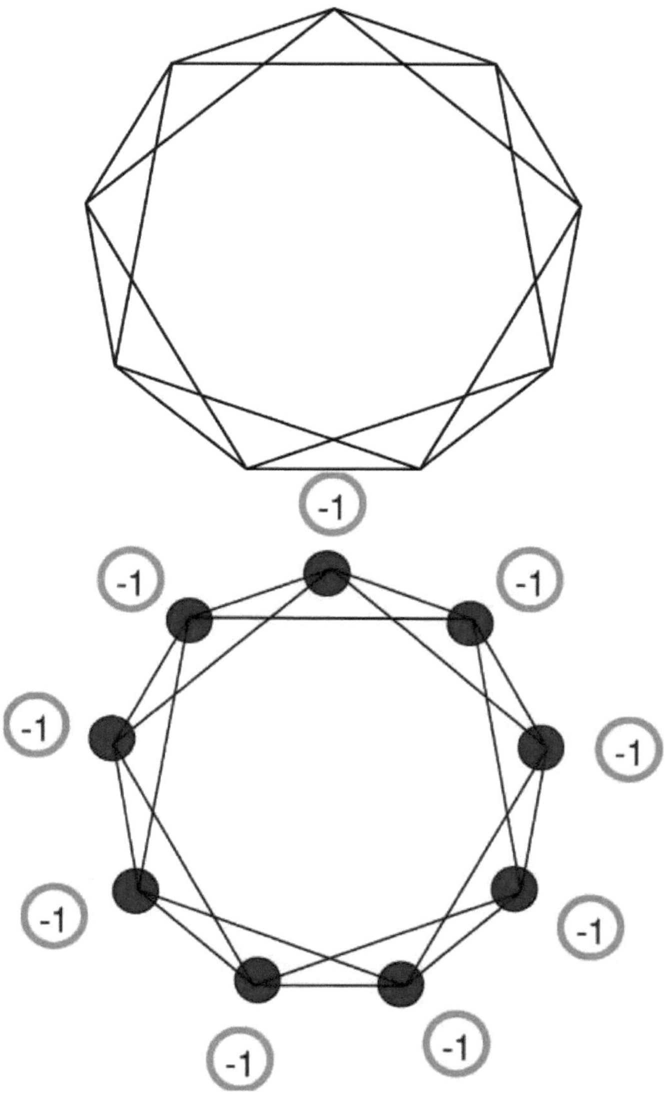

Figure 41. Isomeric structure of Tl_9^{9-}

24. $F=In_9^{11'}$
K=9[2,5] +11 [-0,5] =17, n=9
K(n)=17(9)
17=9+8

K=2n-1
S=4n+2(família próxima)
VE=4n+2=4[9] +2=38
VF=9[3] +11=38

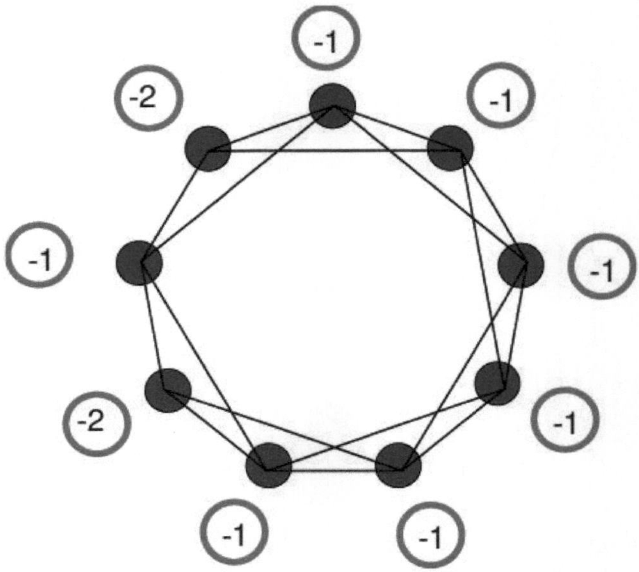

Figura 42. Estrutura isomérica de $F=In_9^{11}$

25. $F=Ge8Zn^{6-}$
K=8[2] +1[3] +6[-0,5] =16, n=9
K(n)=16(9)
16=9+7
K=2n-2
S=4n+4
VE=4n+4+10m=4[9] +4+10=50
VF=8[4] +12+6=50

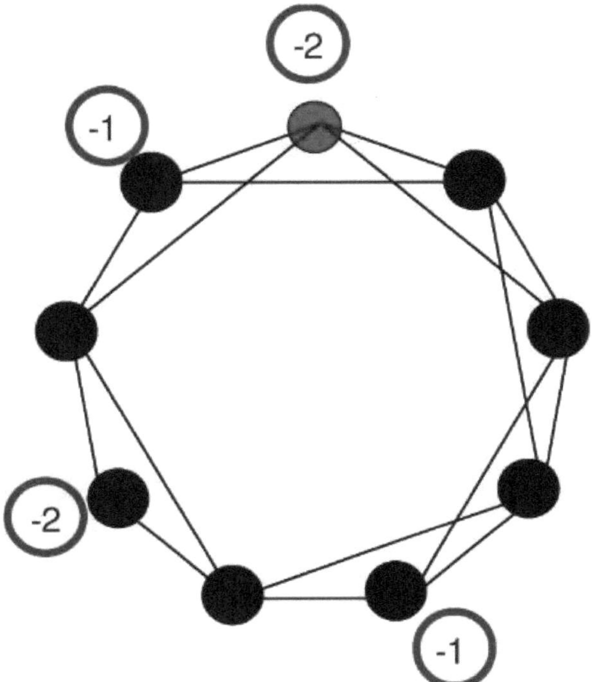

Figura 43. Estrutura isomérica de $F=Ge_8Zn^6$

26. $F=Ga9R_6^{-1}$

$=Ga_9R_7$

$={}^{Ga}9L3_{.5}$

K=9[2,5] +3,5[-1] =19, n=9

K(n)=19(9)

19=9+10(10 triângulos)

K(n)=2n+1

$K^*=C^2+D^7$ y=2, z=7

VE=2y+4z+2=2[2] +4[7] +2=34

VF=9[3] +7=34

VE=8n-2K=8[9]-2[19] =34

S=4n-2

VE=4n-2=4[9]-2=34

G: K=2,5, V=5

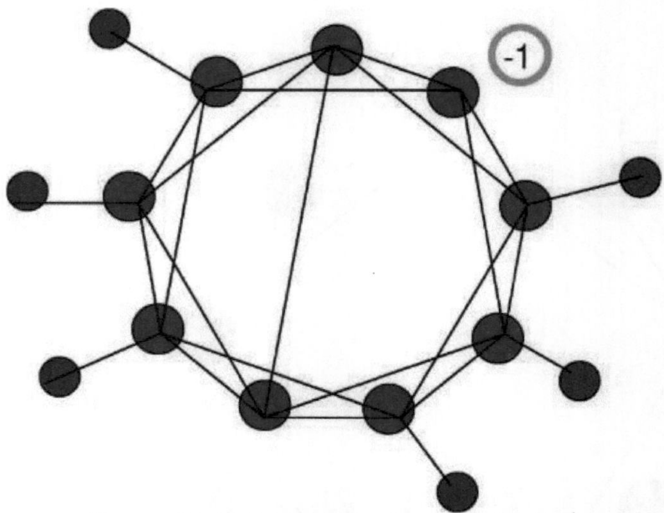

Figura 44. Estrutura isomérica do $Ga_9R_6^{-1}$

30. $F=Au_9L_8^{3+}$

K=9[3,5] +8[-1] +3[0,5] =25, n=9

K(n)=25(9)

25=9+16

K=2n+7

$K^*=C^8{}_{+D1}$

y=8, z=1

VE=12y+14z+2=12[8] +14[1] +2=112

VF=9[11] +16-3=112

VE=18n-2K=18[9]-2[25] =112

VE=4n-14

VE=14n-14=14[9]-14=112

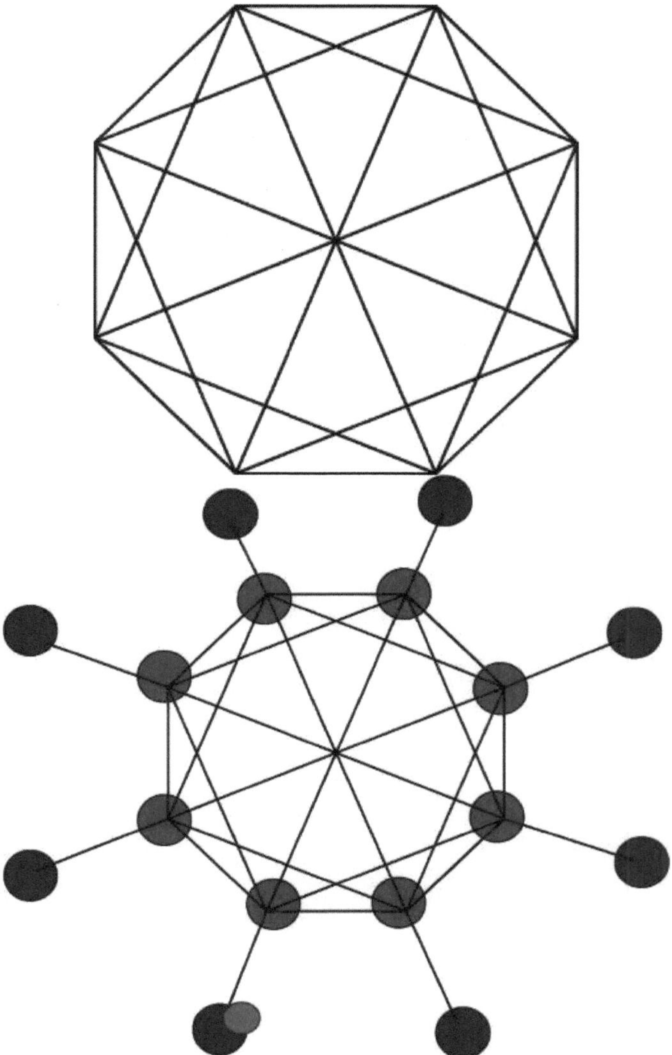

Figura 45. Estrutura isomérica de $Au_9L_8^{3+}$

32. $F=Pb_{10}^{2-}$

K=10[2] +2[-0.5] =19, 10

K(n)=19(10)

19=10+9

K=2n-1

S=4n+2(closo)

VE=4n+2=4[10] +2=42

$K^*=C^0+D^{10}$

y=0, z=10

VE=2y+4z+2=2[0] +4[10] +2=42

VF=10[4] +2=42

VE=8n-2K=8[10]-2[19] =42

Pb: K=2, V=4

Pb^{-1}: K=1,5, V=3

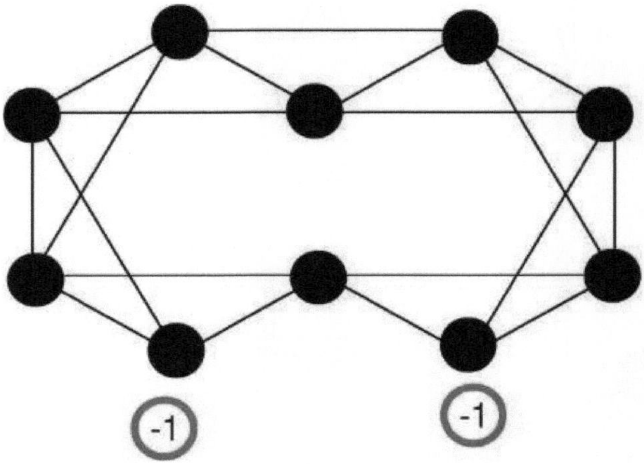

Estrutura isomérica Pb_{10}^{2-}

Figura 46.

33. $F=Pb_9[Cr(CO)_3]^{4-}$

$[Cr(CO)_3$: K=1[6]+3[-1]=3 =[Be]=$[C^{2+}]$

V=2K=6

$[Cr(CO)_3^{4-}$:K=1 [3]+4[-05]=1=[S]=$[CH_2]$

F: K=9[2] +1[1] =19, n=10

K(n)=19(10)

19=10+9

K=2n-1

S=4n+2(closo)

VE=4n+2+10m(m=1) =4[10] +2+10=52

VF=9[4] +1[6] +3[2] +4=52

VE=8n-2K+10m=8[10]-2[19] +10=52

$K^*=C^0+D^{10}$

y=0, z=10, m=1

VE=2y+4z+2+10m=2[0] +4[10] +2+10=52

Φ =Cr(CO)3

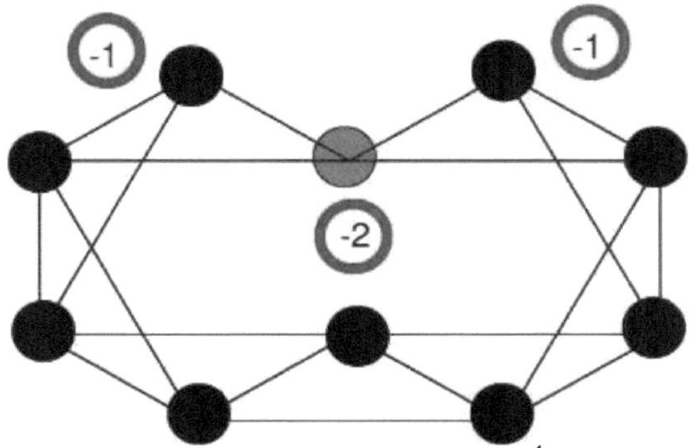

Estrutura isomérica do $Pb_9[Cr(CO)_3]^{4-}$ Figura 47.

34. F=$Ge_9(CuL)^{3-}$ [CuL]:K=1[3.5-1]=2.5=[B]=[C^{+1}]

F: K=9[2] +1[2.5] +3[-0.5] =19, n=10

K(n)=19(10)

19=10+9

K=2n-1

S=4n+2(closo)

VE=4n+2+10m(m=1) =4[10] +2+10=52

VF=9[4] +1[13] +3=52

VE=8n-2K+10m=8[10]-2[19] +10=52

$K^*=C^0+D^{10}$

y=0, z=10, m=1

VE=2y+4z+2+10m=2[0] +4[10] +2+10=52

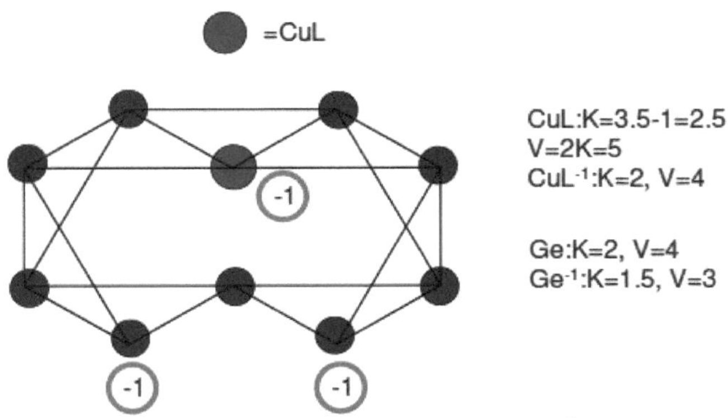

Estrutura isomérica do $Ge_9(CuL)^{3-}$
Figura 48.

36. F=$Ga_{10}R_6$

K=10[2,5] +6[-0,5] =22, n=10
K(n)=22(10) 22=10+12(12 triângulos)
K(n)'=2n+2
$K^{*}=C^{3}+D^{7}$ y=3, z=7
VE=2y+4z+2=2[3] +4[7] +2=36
VE=8n-2K=8[10]-2[22] =36
S=4n-4
VE=4n-4=4[10]-4=36
VF=30+6=36
Ga: K=2,5, V=5

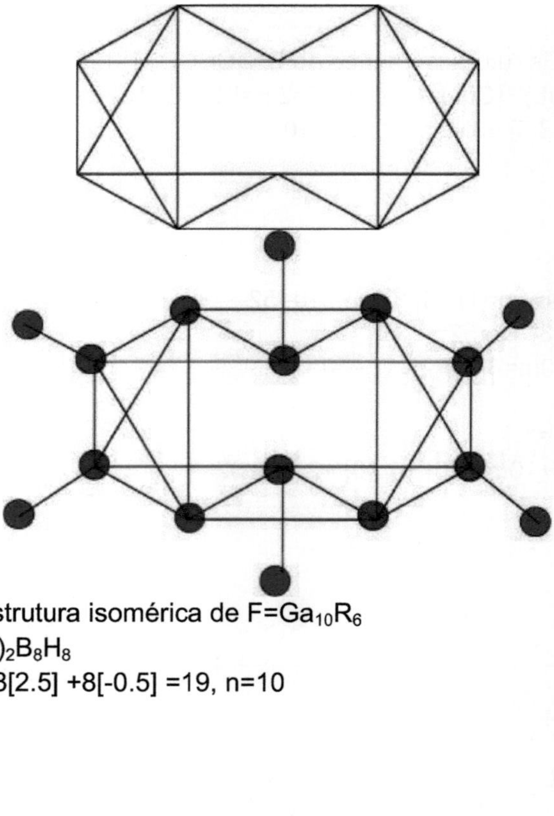

Figura 49. Estrutura isomérica de $F=Ga_{10}R_6$

37. $F=(NiCp^{*})_2B_8H_8$
K=2[4-2.5] +8[2.5] +8[-0.5] =19, n=10
K(n)=19(10)
19=10+9
K=2n-1
S=4n+2
VE=4n+2+10m(m=2) =4[10] +2+10[2] =62
VF=2[10+5] +8[3] +8=62
VE=8n-2K+10m=8[10]-2[19] +20=62

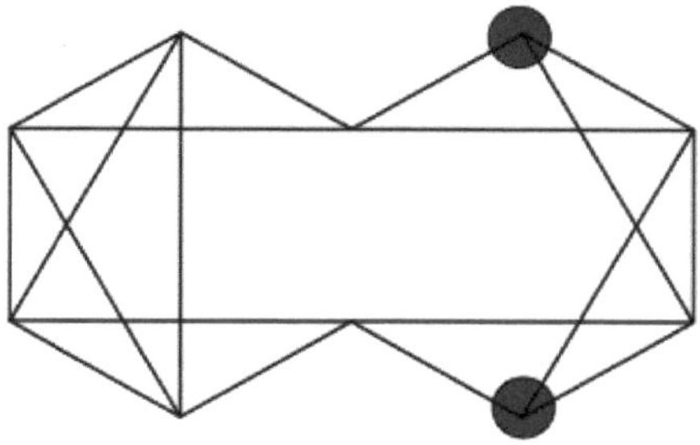

[NiCp*]:K=4-2.5=1.5,V=3

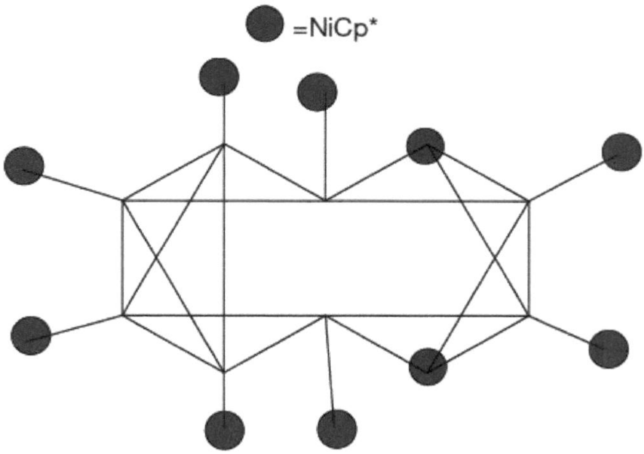

Estrutura isomérica de $(NiCp^*)_2B_8H_8$

38. F=$NiPb_{10}^{2-}$
K=1[4] +10[2] +2[-0,5] =23, n=11
K(n)=23(11)
23=11+12
K=2n+1
K*=C^2+D9
y=2, z=9, m=1
VE=2y+4z+2+10m=2[2] +4[9] +2+10[1] =52
VF=1[10] +10[4] +2=52
VE=8n-2K+10m=8[11]-2[23] +10=52
S=4n-2+10=4[11]-2+10=52

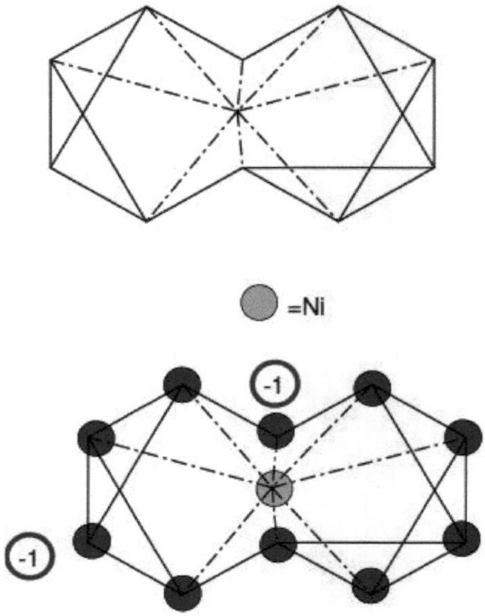

Ni:K=4, V=8
Pb: K=2, V=4
Pb-1:K=1.5, V=3

Figura 51.

39. $F=CoGe_{10}^{3-}$
K=1[4.5] +10[2] +3[-0.5] =23, 11
K(n)=23(11)
23=11+12
K=2n+1
$K^{*}=C^{2}+D^{9}$
y=2, z=9, m=1
VE=2y+4z+2+10m=2[2] +4[9] +2+10[1] =52
VF=1[10] +10[4] +2=52
VE=8n-2K+10m=8[11]-2[23] +10=52
S=4n-2+10=4[11]-2+10=52

φ = Co:

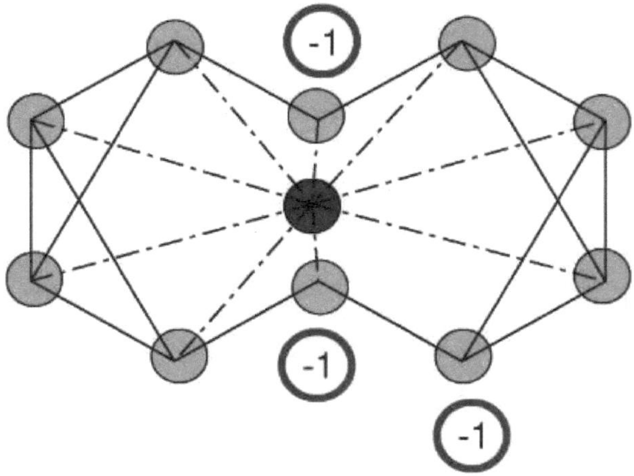

Estrutura isomérica do $CoGe_{10}^{3-}$

Figura 52.

41. $F=In_{11}^{7-}$

K=11[2,5] +7[-0,5] =24, n=11

K(n)=24(11) 24=11+13

K=2n+2

$K^*=C^3+D^8$ y=3,z=8

VE=2y+4z+2=2[3] +4[8] +2=40

VF=11[3] +7=40

VE=8n-2K=8[11]-2[24] =40

S=4n-4

VE=4n-4=4[11]-4=40

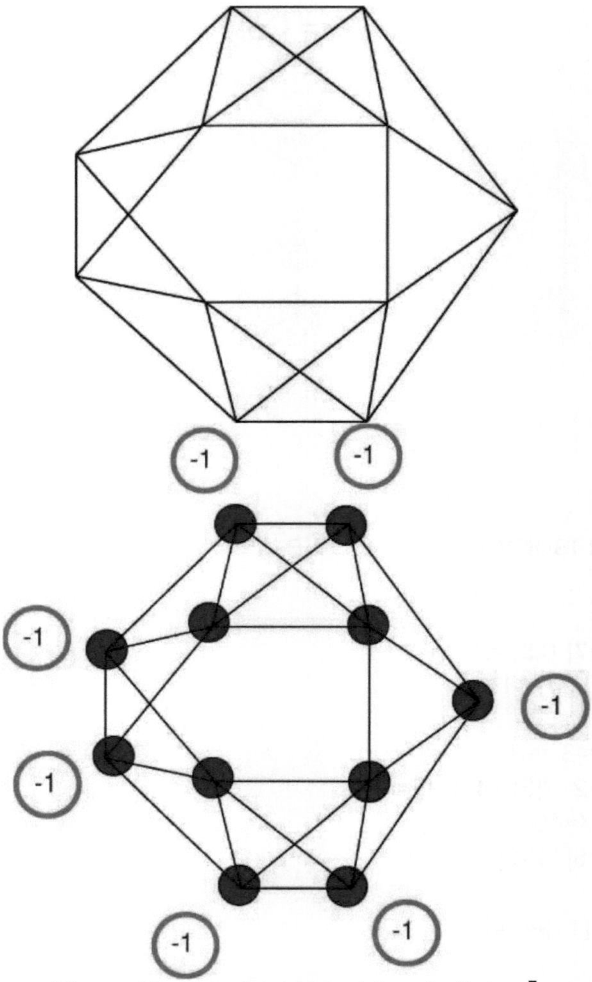

Figura 53. Estrutura isomérica de $F=In_{11}^{7}$

42. $F=Tl_9Au_2^{9-}$

K=9[2,5] +2[3,5] +9[-0,5] =25, n=11

K(n)=25(11)

25=11+14

K=2n+3

$K^*=C^4+D^7$

y=4, z=7, m=2

VE=2y+4z+2+10m=2[4] +4[7] +2+10[2] =58

VF=9[3] +2[11] +9=58

VE=8n-2K+10m=8[11]-2[25] +20=58
S=4n-6+10m=4[11]-6+20=58

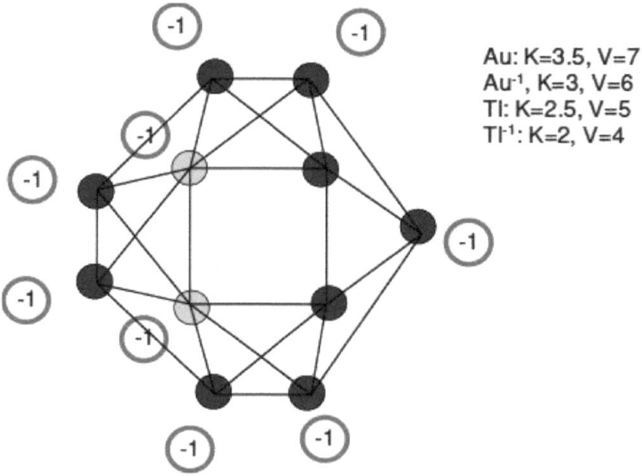

Figura 54. Estrutura isomérica de $F=Tl_9Au_2{}^9$

44. $F=In_{10}Zn^{2-}$

K=10[2.5] +1[3] +2[-0.5] =27, n=11

K(n)=27(11)

27=11+16

K=2n+5

$K^*=C^6+D^5$

y=6, z=5, m=1

VE=2y+4z+2+10m=2[6] +4[5] +2+10=44

VF=10[3] +1[12] +2=44

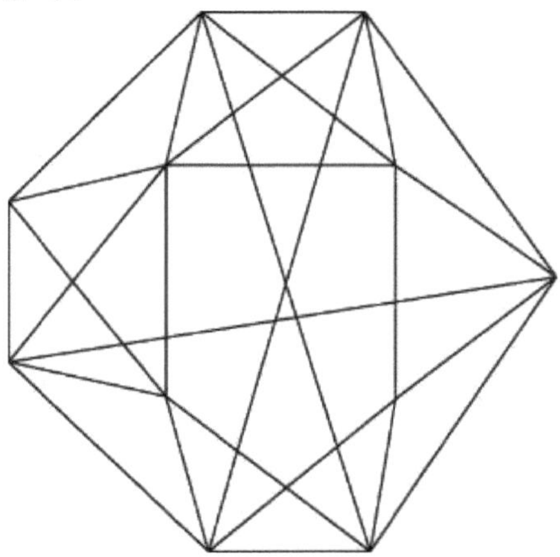

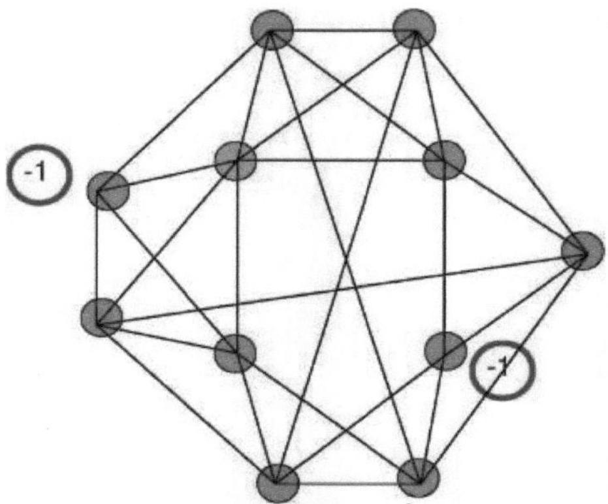

Figura 55. Estrutura isomérica de $F=In_{10}Zn^{2}$

45. $F=In_{10}Hg^{8-}$

K=10[2.5] +1[3] +8[-0.5] =24, n=11

K(n)=24(11)

24=11+13

K=2n+2

$K^*=C^3+D^8$

y=3, z=4, m=1

VE=2y+4z+2+10m=2[3] +4[8] +2+10[1] =50

VF=10[3] +12+8=50

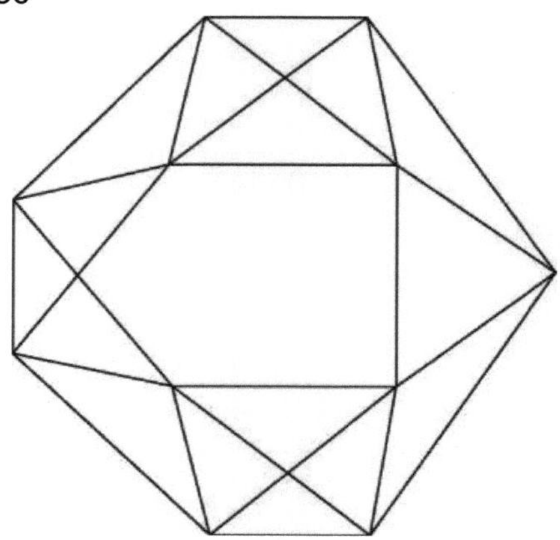

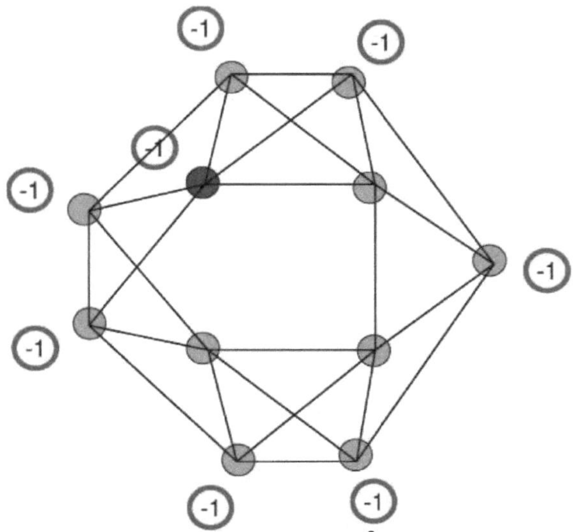

Figura 56. Estrutura isomérica de $F=In_{10}Hg^{8}$

46. $TLCcL^{10'}$ o o
K=8[2,5] +3[3] + 101-0,5] =24, n=11
K(n)=24(11)
24=11+13
K=2n+2
$K^{*}=C^{3}+D^{8}$
y=3, z=8, m=3
VE=2y+4z+2+10m=2[3] +4[8] +2+10[3] =70
VF=8[3] +3[12] +10=70

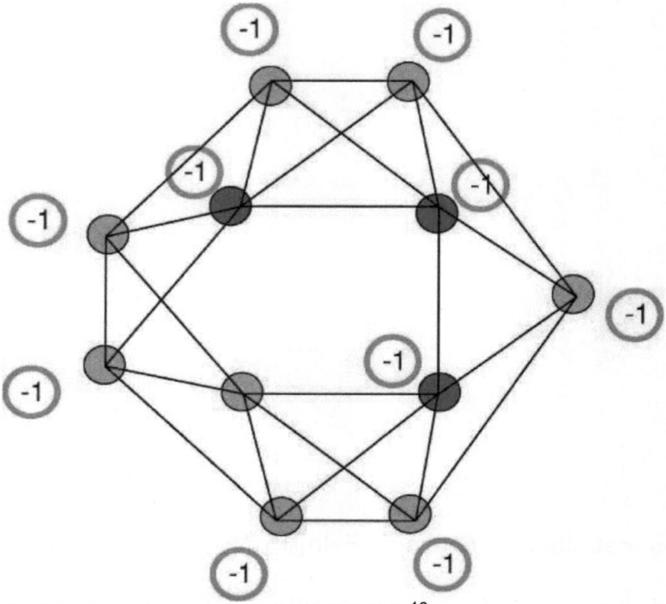

Figura 57. Estrutura isomérica de $F=Tl_8Cd_3^{10}$

47. $F=Au_{11}L_{12}^{3+}$
K=11[3,5] +12[-1] +3[0,5] =28, n=11
K(n)=28(11)
K=2n+6
$K^*=C^7+D^4$
y=7, z=4
VE=12y+14z+2=12[7] +14[4] +2=142
VF=11[11] +24-3=142
VE=18n-2K=18[11]-2[28] =142
S=4n-12
VE=14n-12=14[11]-12=142

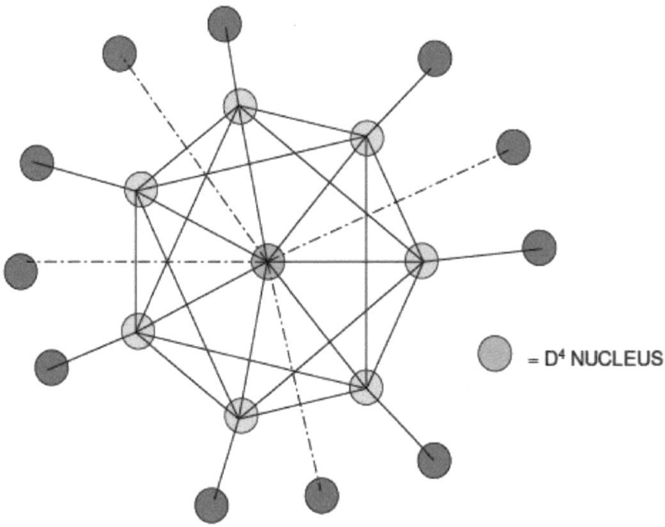

Figura 58. Estrutura isomérica de $Au_{11}L_{12}^{3+}$

48. $F=Au_{11}L_{10}^{3+}$

K=11[3.5] +10[-1] +3[0.5] =30, n=11

K(n)=30(11)

K=2n+8

$K^{*}=C^{9}+D^{2}$

y=9, z=2

VE=12y+14z+2=12[9] +14[2] +2=138

VF=11[11] +20-3=138

VE=18n-2K=18[11]-2[30] =138

S=4n-16

VE=14n-16=14[11]-16=138

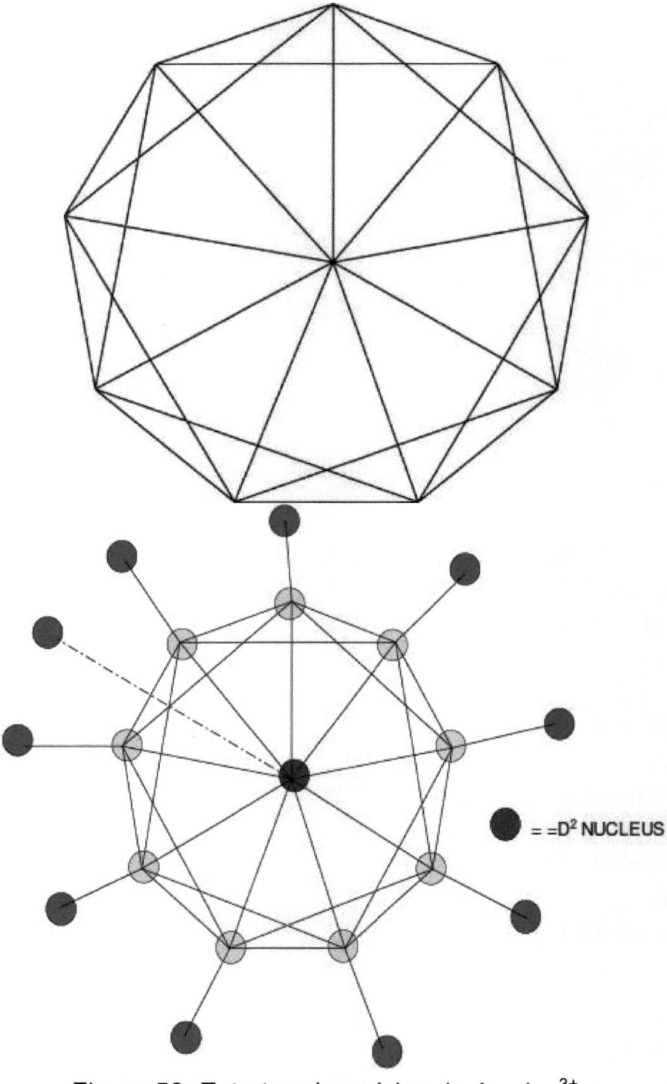

Figura 59. Estrutura isomérica de $Au_{11}L_{10}^{3+}$

49. $F=Au_{11}L_8^{3+}$

K=11[3.5] +8[-1] +3[0.5] =32, n=11

K(n)=32(11)

K=2n+10

$K^*=C11+D^0$

y=11,z=0

VE=12y+14z+2=12[11] +14[0] +2=134

VE=18n-2K=18[11]-2[32] =134

VF=11[11] +16-3=134

S=4n-20

VE=14n-20=14[11]-20=134

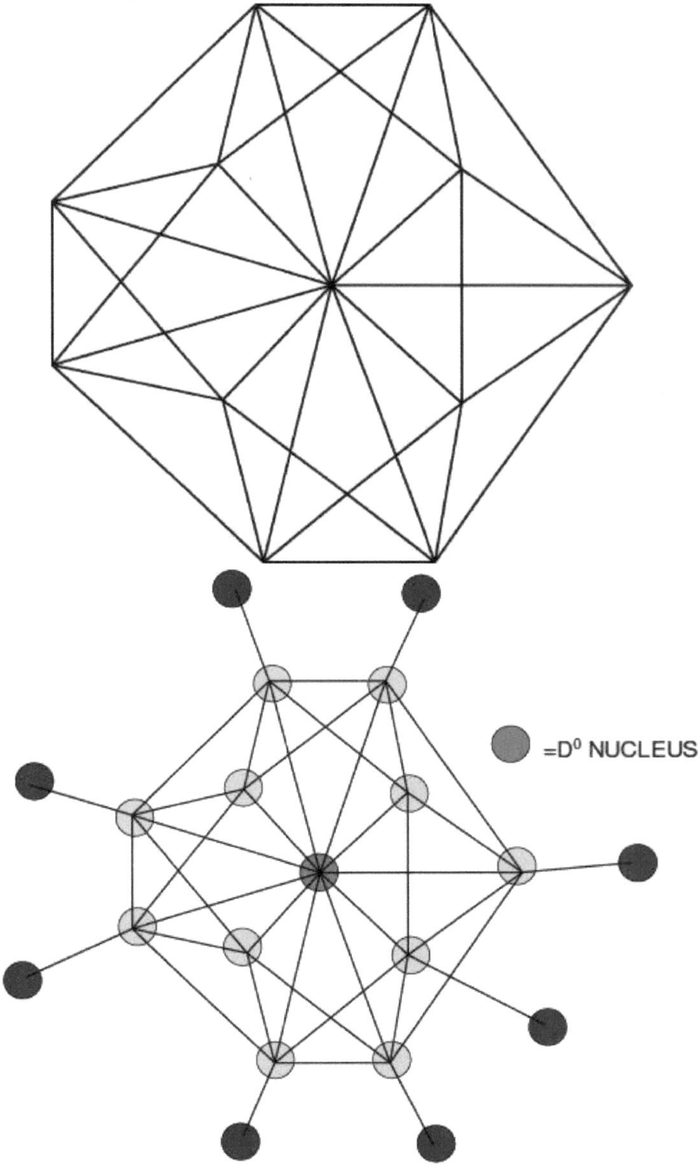

Figura 60. Estrutura isomérica do Au11L83+

50. $F=(Cp^*W)_3B_8H_9$

$K=3[6-2.5] +8[2.5] +9[-0.5] =26$, $n=11$

$K(n)=26(11)$

$26=11+15$

$K=2n+4$

$K^*=C^5+D^6$

$y=5$, $z=6$, $m=3$

$VE=2y+4z+2+10m=2[5] +4[6] +2+10[3] =66$

$VF=3[5+6] +8[3] +9=66$

$S=4n-8$

$VE=4n-8+30=4[11]-8+30=66$

$VE=8n-2K+30=8[11]-2[26] +30=66$

WCp^*: $K=6-2.5=3.5$, $V=7$

8: $K=2,5$, $V=5$

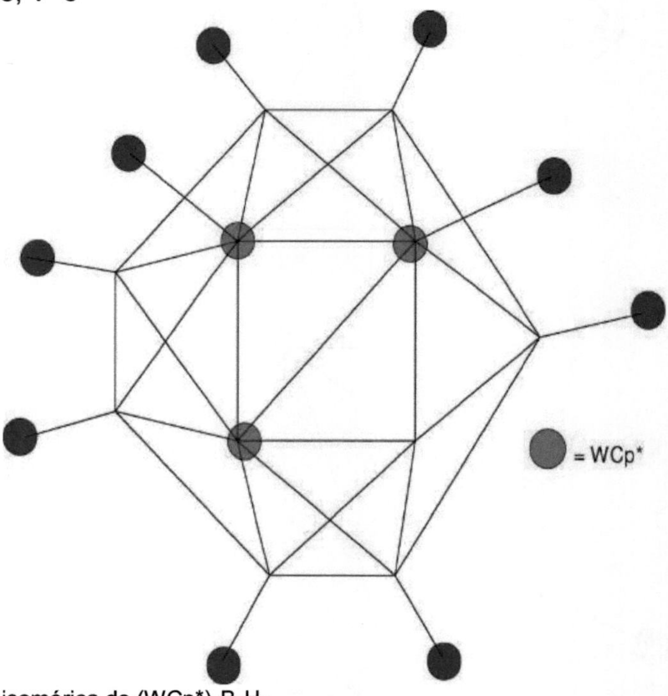

Estrutura isomérica de $(WCp^*)_3B_8H_9$

Figura 61.

51. $F=(Cp^*W)_3B_8H_9$

$K=3[6-2.5]+8[2.5]+9[-0.5]=26$, $n=11$

$K(n)=26(11)$

$26=11+15$

$K=2n+4$

$K^*=C^5+D^6$

$y=5$, $z=6$, $m=3$

$VE=2y+4z+2+10m=2[5]+4[6]+2+10[3]=66$

$VF=3[5+6]+8[3]+9=66$

$S=4n-8$

$VE=4n-8+30=4[11]-8+30=66$

$VE=8n-2K+30=8[11]-2[26]+30=66$

WCp^*: $K=6-2.5=3.5$, $V=7$

B: $K=2,5$, $V=5$

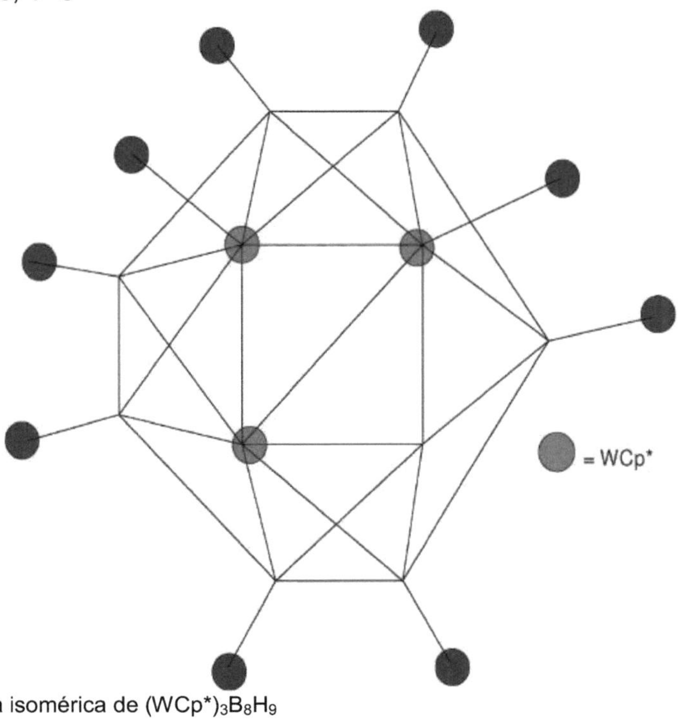

Estrutura isomérica de $(WCp^*)_3B_8H_9$

Figura 62.

52. $F=Pb_{12}^{2-}$

K=12[2] +2[-0,5] =23, n=12

K(n)=23(12)

23=12+11

K=2n-1

S=4n+2

VE=4n+2=4[12] +2=50

$K^{*}=C^{0}+D^{12}$

y=0, z=12

VE=2y+4z+2=2[0] +4[12] +2=50

VF=12[4] +2=50

VE=8n-2K=8[12]-2[23] =50

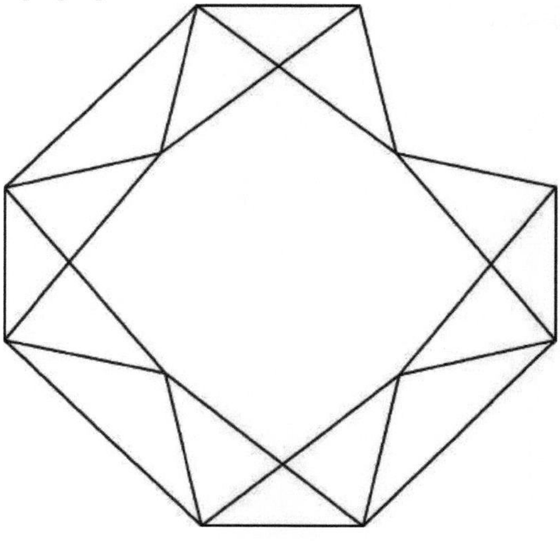

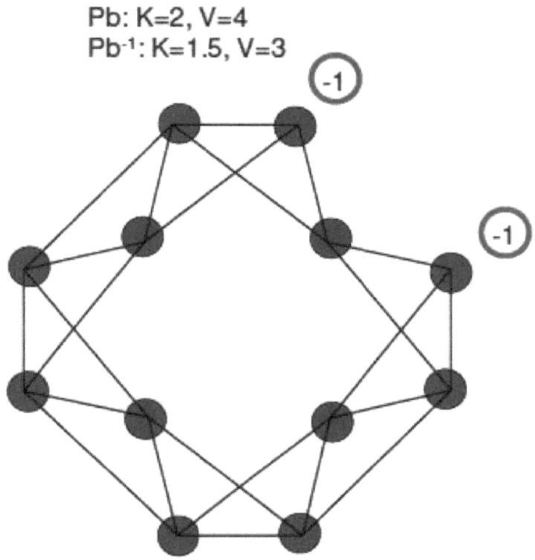

Estrutura isomérica do $Pb_{12}{}^{2}$

Figura 63.

53. $F=B_{2}H_{2}{}^{2}$

K=12[2.5] +12[-0.5] +2[-0.5] =23, n=12

K(n)=23(12)

23=12+11

K=2n-1

S=4n+2(closo)

VE=4n+2=4[12] +2=50

VE=8n-2K=8n-2K=8[12]-2[23] =50

VF=12[3] +12+2=50

$K^{*}=C^{0}+D^{12}$

y=0, z=12

VE=2y+4z+2=2[0] +4[12] +2=50

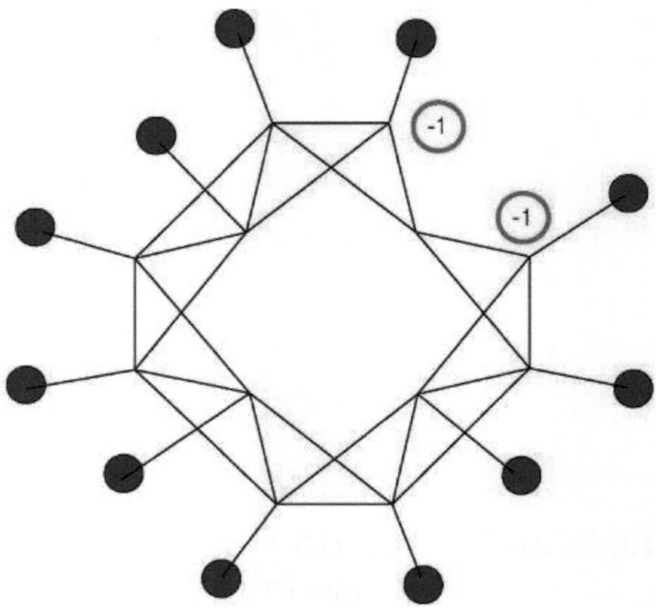

Figure 64. Isomeric structure of $B_{12}H_{12}^{2-}$

54. $F=(NiCp)_2B_{10}H_{10}$
K=2[4-2.5] +10[2.5] +10 [-0.5] =23, n=12
K(n)=23(12)
23=12+11
K=2n-1
S=4n+2
VE=4n+2+10m(m=2) =4[12] +2+ 10[2] =70
VF=2[10+5] +10 [3] +10=70
VE=8n-2K+20=8[12]-2 [23] + 20 =70
$K^*=C^0+D^{12}$
y=0, z=12
VE=2y+4z+2+10m=2[0] +4 [12] +2+20=70
NiCp: K=1,5, V=3
B: K=2,5, V=5

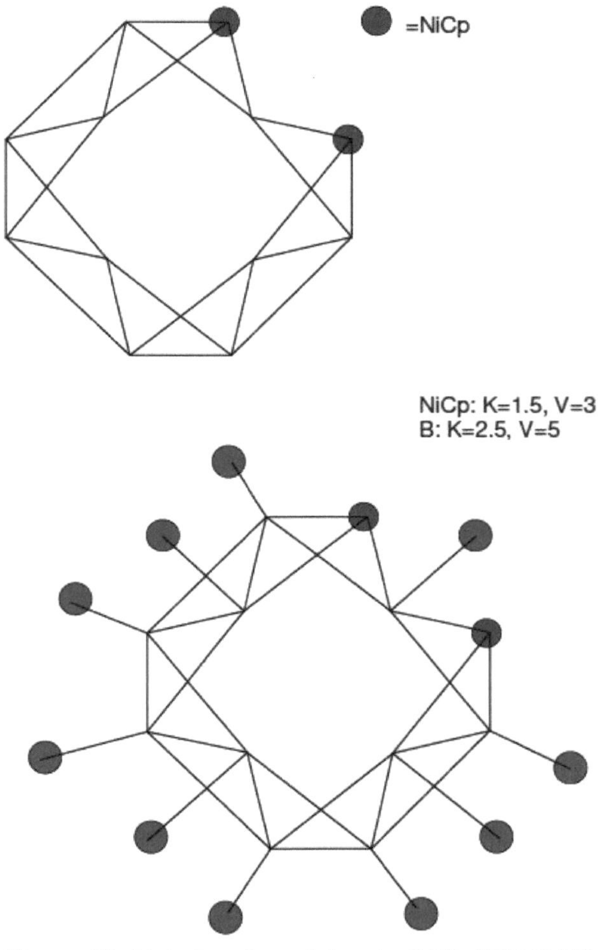

Figura 65. Estrutura isomérica do (NiCp)2B10H10

56. F=$Tl_{12}Mg^{12-}$

K=12[2,5] +1[3] +12[-0,5] =27, n=13

K(n)=27(13)

27=13+14

K=2n+1

$K^*=C^2{}_{+D11}$

y=2, z=11

VE=2y+4z+2=2[2] +4[11] +2=50

VF=12[3] +12+12=50

Tl: K=2,5, V=5

Tl^{-1}: K=2, V=4
Mg: K=3, V=6
Mg^{-1}: K=2,5, V=5

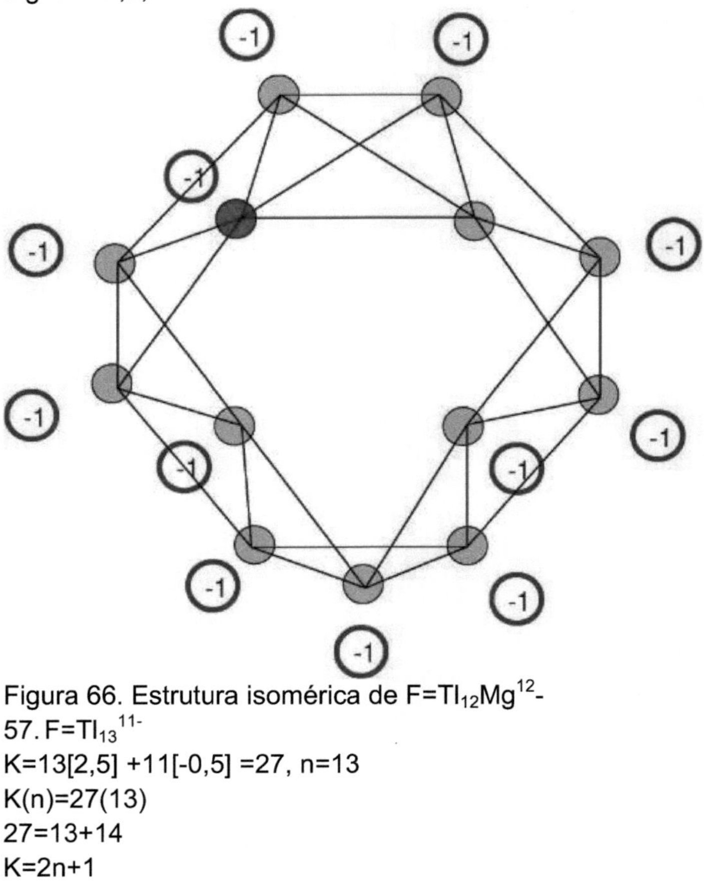

Figura 66. Estrutura isomérica de $F=Tl_{12}Mg^{12-}$

57. $F=Tl_{13}^{11-}$
K=13[2,5] +11[-0,5] =27, n=13
K(n)=27(13)
27=13+14
K=2n+1
$K^*=C^2+D^{11}$
y=2,z=11
VE=2y+4z+2=2[2] +4[11] +2=50
VF=13[3] +11=50
S=4n-2
VE=4n-2=4[13]-2=50
VE=8n-2K=8[13]-2[27] =50

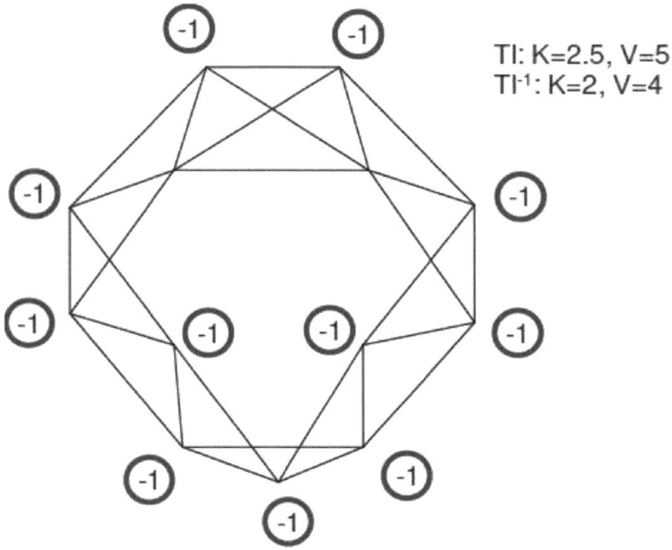

Figura 67. Estrutura isomérica do Tl_{13}^{11}

58. $F=Tl_{12}Na^{13,}$

$K=12[2.5] + 1[3.5] +13[-0.5] =27, n=13$

$K(n)=27(13)$

$27=13+14$

$K=2n+1$

$K^*=C^2{}_{+D11}$

$y=2,z=11$

$VE=2y+4z+2=2[2] +4[11] +2=50$

$S=4n-2$

$VE=4n-2=4[13]-2=50$

$VF=12[3] +1[1] +13=50$

$VE=8n-2K=8[13]-2[27] =50$

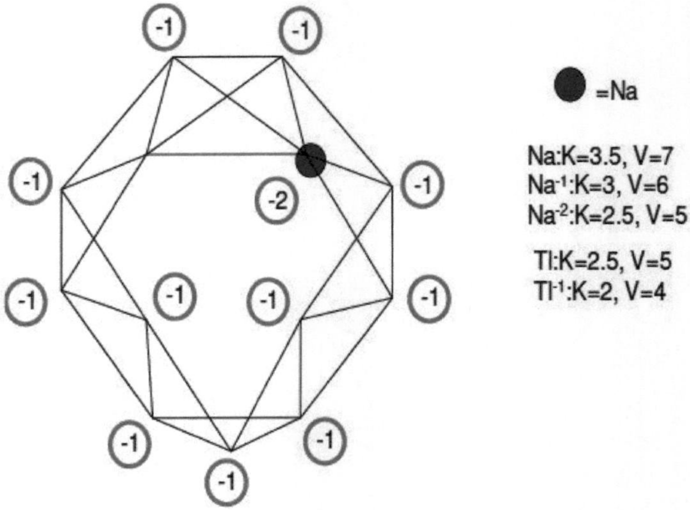

Figura 68.

60. $F=Al_{14}R_6I_6^{2-}$

K=14[2,5] +6[-0,5] +6[-0,5] +2[-0,5] =28, n=14

K(n)=28(14)

28=14+14(14 triângulos)

K(n)'=2n+0

$K^*=C1+D^{13}$

y=1, z=13

VE=2y+4z+2=2[1] +4[13] +2=56

VE=8n-2K=8[14]-2[28] =56

S=4n+0

VE=4n+0=4[14] +0=56

VF=14[3] +14=56

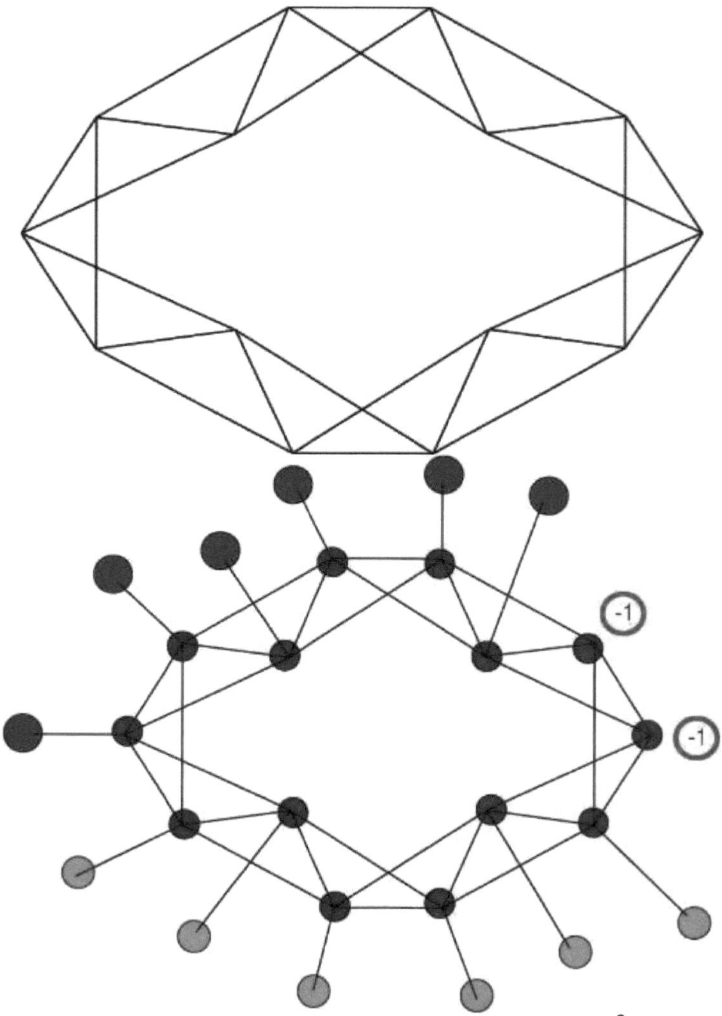

Figura 69. Estrutura isomérica de $F=AL.R_CL^2$
14 6 6

$61\text{-}F=B_{14}H_{20}$

K=14[2,5] +20[-0,5] =25, n=14

K(n)=25(14)

25=14+11

K=2n-3

S=4n+6(arachno)

VE=4n+6=4[14] +6=62

VF=14[3] +20=62

$K^{*}=C'^{2}+D^{16}$

y=-2, z=16

VE=2y+4z+2=2[-2] +4[16] +2=62

VE=8n-2K=8[14]-2[25] =62

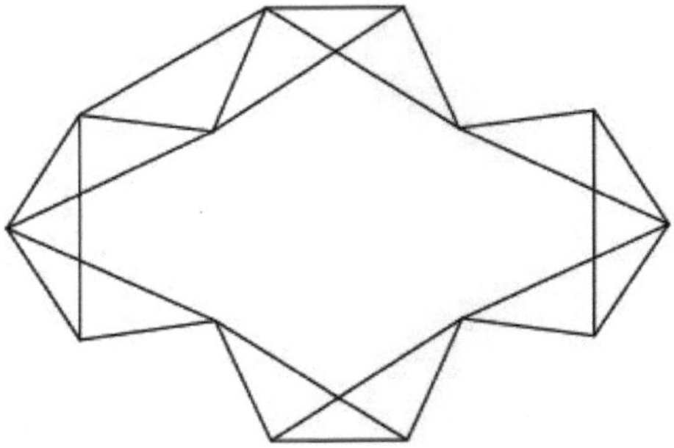

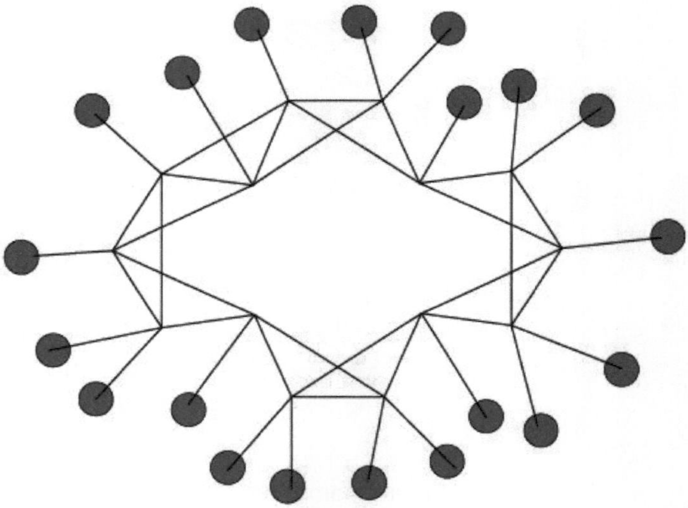

Figura 70. Estrutura isomérica do B14H20

62. Ge_{18}^{6-}

K=18[2] +6[-0,5] =33, n=18

K(n)=33(18)

33=18+15

33=16+1+16

18=9+9

15=7+1+7

K=2n-3

S=4n+6 (arachno)

VE=4n+6=4[18] +6=78

VF=18[4] +6=78

VE=8n-2K=8[18]-2[33] =78

$K^*=C^{-2}+D^{20}$(série do clã matryoshka) y=-2, z=20

VE=2y+4z+4=2[-2]+4[20]+2=78

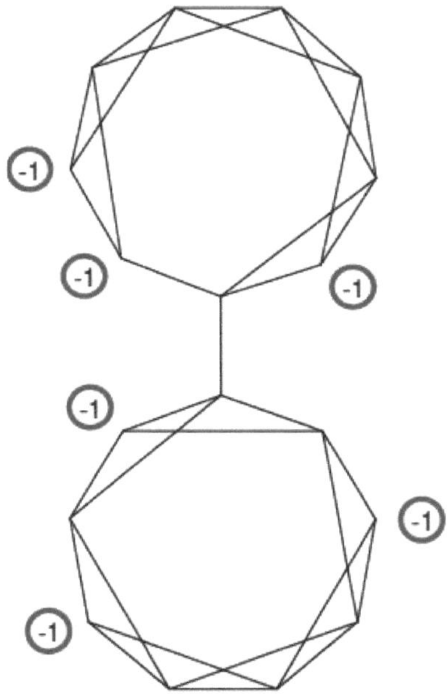

Ge: K=2, V=4; Ge^{-1}: K=1,5, V=3

Figura 71. Estrutura isomérica do Ge_{18}^{6}

63. $F=Ni_2Sn_{17}^{4}$

K=2[4] +17[2] +4[-0,5] =40, n=19

Ni:K=4, V=8

Sn:K=2, V=4

F: K(n)=40(19)

K=2n+2

$K^*=C^3+D^{16}$

y=3, z=16, m=2

VE=2y+4z+2+10m=2[3] +4[16] +2+10[2] =92

VF=2[10] +17[4] +4=92

S=4n-4

VE=4n-4+10m=4[19]-4+10[2] =92

VE=8n-2K+10m=8[19]-2[40] +20=92

Ni: K=4, V=8

Sn: K=2, V=4

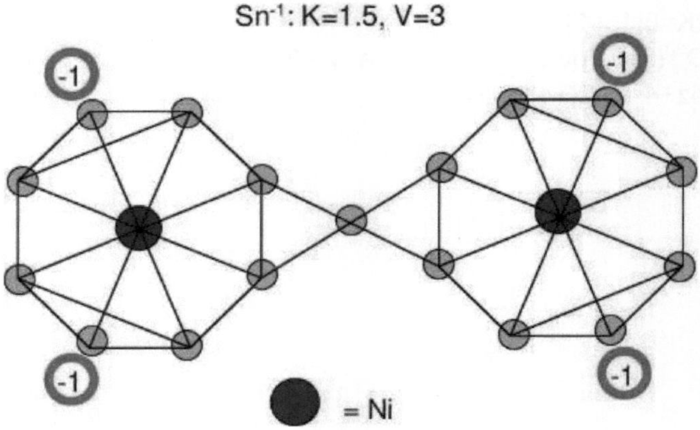

Estrutura isomérica do $Sn_{17}Ni_2^{4-}$

Figura 72.

64. $F=(PtL_2)B_{18}H_{18}$

K=1[4-2] +18[2.5] +18[-0.5] =38, n=19

K(n)=38(19)

38=19+19

K=2n+0

$K^*=C1+D^{18}$

y=1, z=18, m=1

VE=2y+4z+2+10m=2[1] +4[18] +2+10=86

VE=8n-2K+10=8[19]-2[38] +10=86

VF=1[10+4] +18[3] +18=86

S=4n+0

VE=4n+0+10=4[19] +0+10=86

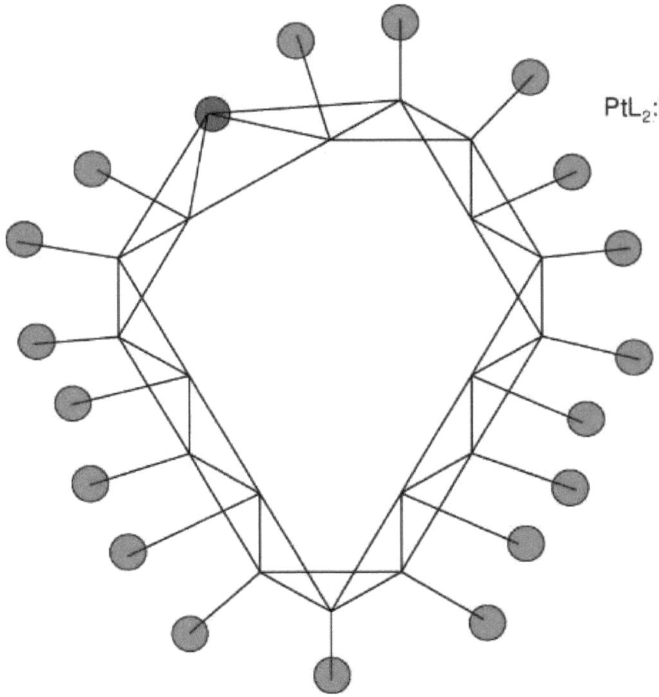

Figura 73.
Estrutura isomérica de $(PtL_2)B_{18}H_{18}$

65. $F=B_{2O}H_{26}$

K=2O[2,5] +26[-O,5] =37, n=20
K(n)=37(20)
37=20+17
K=2n-3
S=4n+6(arachno)
VE=4n+6=4[20] +6=86
VF=20[3] +26=86
K*=C-2+D22
y=-2, z=22
VE=2y+4z+2=2[-2] +4[22] +2=86
VE=8n-2K=8[20]-2[37] =86

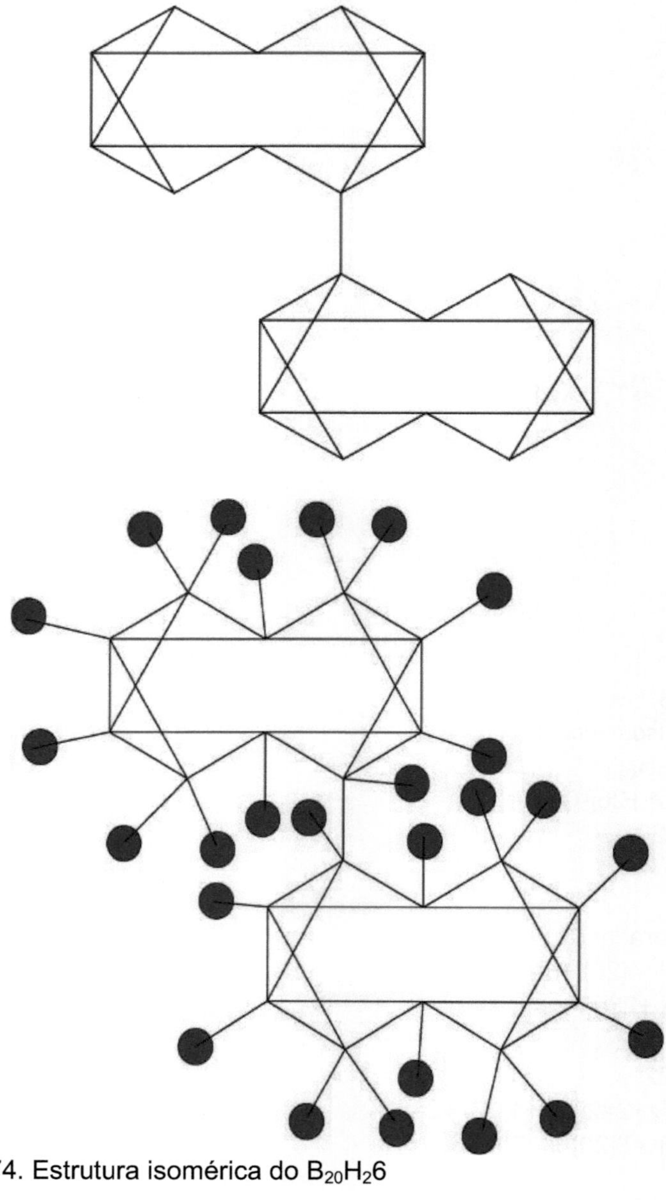

Figura 74. Estrutura isomérica do $B_{20}H_{2}6$

66. Ge_{27}^{6-}

K=27[2] +6 [-0,5] =51, n=27

K(n)=51(27)

51=27+24= {(9+7) +(1) +(9+7) +(1) +(9+8)}

K=2n-3

S=4n+6(arachno)

VE=4n+6=4 [27] +6=114

VF=27 [4] +6=114

VE=8n-2K=8[27]-2 [51] =114

$K^*=C^{-2}+D^{29}$

y=-2, z=29

VE=2y+4z+2=2[-2] +4 [29] +2=114

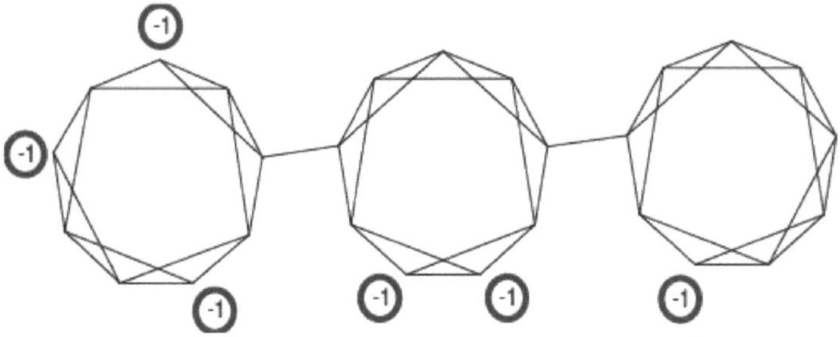

Figura 75. Estrutura isomérica do Ge_{27}^{6}

68. F=$As_{21}Ni_{12}^{3-}$ [CLUSTER DE MATRYOSHKA]

K=21[1.5] +12[4]-1.5=78, n=33

K(n)=78(33)

78=33+45(45 triângulos): K=n +t; n^ núcleo que contém a figura, t^ número de triângulos inseridos.

K(n)'=2n+12

$K^*=C^{13}+D^{20}$

y=13, z=20

t=2y+z-1=2[13] +20-1=45

VE=2y+4z+2+10m=2[13] +4[20] +2+10[12] =228

VF=21[5] +12[10] +3=228

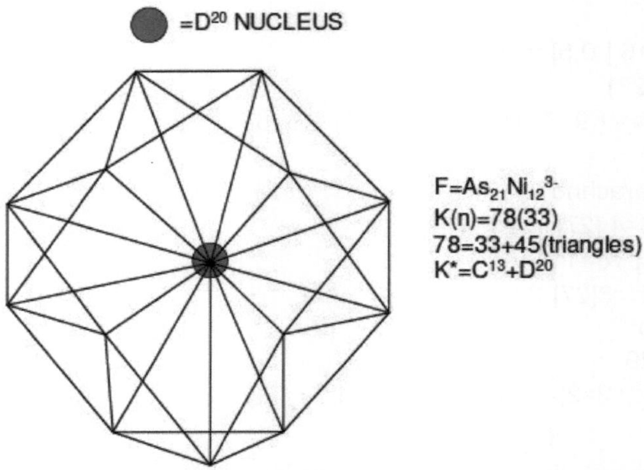

Figura 76. Estrutura isomérica esquelética do $As_{21}Ni_{12}^{3}$

O número de triângulos fora do núcleo=2x13=26. O número de triângulos dentro do núcleo=n-1=20-1=19. Logo, o número total de triângulos=26+19=45.

69. $F=Sn_{21}Cu_{12}^{12,}$
K=21[2] +12[3.5]-6 =78, n=33
K(n)=78(33)
K(n)'=2n+12
$K^{*}=C^{13}+D^{20}$
Idêntico ao $_{de(21)}Ni_{12}^{3-}$

70. $F=Mn_{13}Bi_{20}^{-1}$
K=13[5,5] +20[1,5]-0,5=101, n=33
K(n)=101(33)
101=33+68(triângulos)
K(n)'=2n+35
$K^{*}=C^{36}+D^{-3}$
y=36, z=-3, m=13
t=2y+z-1=2[36] + [-3]-1=68
VE=2y+4z+2+10m=2[36] +4[-3] +2+10[13] =192
VF=13[7] +20[5] +1 =192

71. $F=Ni_{12}Au_{6}(CO)_{24}^{2-}$
K=12[4] +6[3.5] +24[-1] +2[-0.5] =44, n=18
K(n)=44(18)
K=2n+8

$K^*=C^9+D^9$

y=9, z=9

VE=12y+14z+2=12[9] +14[9] + 2=236

VF=12[10] +6[11] +24[2] +2=236

VE=18n-2K=18[18]-2[44] =236

S=4n-16

VE=14n-16=14[18]-16=236

72. $F=Fe_{10}Au_{22}(CO)_{40}^{6-}$

K=10[5] +22[3.5] +40[-1]-3=84, n=32

K(n)=84(32)

K=2n+20

$K^*=C^{21}+D^{11}$

y=21,z=11

VE=12y+14z+2=12[21+14[11] +2=408

VF=10[8] +22[11] +80+6=408

VE=18n-2K=18[32]-2[84] =408

S=4n-40

VE=14n-40=14[32]-40=408

73. $F=Fe12Au_{22}(CO)_{48}^{6-}$

K=12[5] +22[3.5] +48[-1]-3=86, n=34

K(n)=86(34)

K=2n+18

$K^*=C^{19}+D^{15}$

y=19,z=15

VE=12y+14z+2=12[19] + 14[15] +2=440

VF=12[8] +22[11] +96+6=440

VE=18n-2K=18[34]-2[86] =440

S=4n-36

VE=14n-36=14[34]-36=440

74. $F=Ni32Au6(CO)_{44}^{6-}$

K=32[4] +6[3.5] +44[-1]-3=102, n=38

K(n)=102(38)

K=2n+26

$K^*=C^{27}+D^{11}$

y=27,z=11

VE=12y+14z+2=12[27] +14[11] +2=480

VF=32[10] +6[11] +88+6=480

VE=18n-2K=18[38]-2[102] =480

S=4n-52

VE=14n-52=14[38]-52=480

75. $F=Fe_{14}Au_{28}(CO)_{52}^{8-}$

K=14[5] +28[3.5] +52[-1] +8[-0.5] =112, n=42

K(n)=112(42)

K=2n+28

$K^*=C^{29}+D^{13}$

y=29,z=13

VE=12y+14z+2=12[29] +14[13] +2=532

VF=14[8] +28[11] +104+8=532

VE=18n-2K=18[42]-2[112] =532

S=4n-56

VE=14n-56=14[42]-56=532

76. $^{F}= {}^{F}{}_{ei4AU34}(^{C}O)_{50}^{6-}$

K=14[5] +34[3.5] +5O[-1] +6[-O.5] =136, n=48

K(n)=136(48)

K=2n+40

$K^*=C^{41}+D^{7}$

y=41,z=7

VE=12y+14z+2=12[41] +14[7] +2=592

VF=592

VE=18n-2K=18[48]-2[136] =592

S=4n-80

VE=14n-80=14[48]-80=592

77. $^{F}{}_{=Ge36}^{8-}$ K=36[2]-4=68, n=36 K(n)=68(36) 68=36+32

K=2n-4

S=4n+8

VE=4n+8=4[36] +8=152

VF=36[4] +8=152

VE=8n-2K=8[36]-2[68] =152

$K^*=C^{-3}+D^{39}$

y=-3, z=39

VE=2y+4z+2=2[-3] +4[39] +2=152

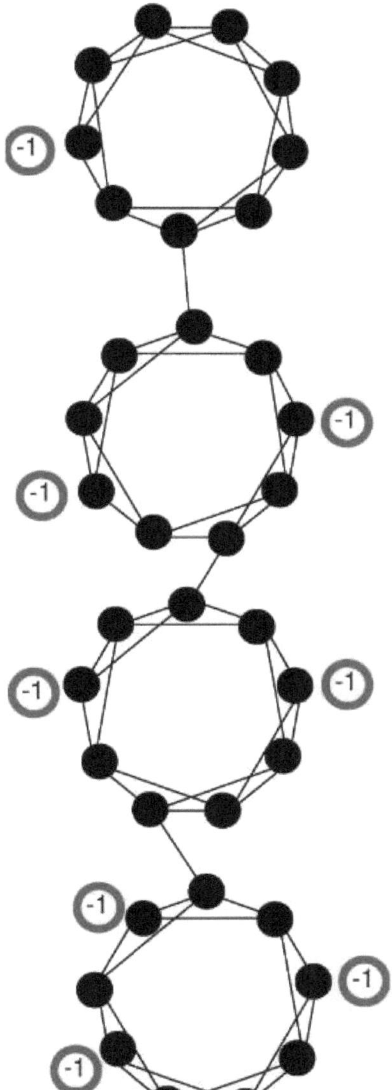

Figura 77. Estrutura isomérica do Ge_{36}^{8-}

78. $F=Ge_{18}Cu^{7-}$

K=18[2] +1[3.5] +7 [-0.5] =36, n=19

K(n)=36(19)

36=19+17

K=2n-2

S=4n+4(nido)

VE=4n+4+10m(m=1) =4 [19] +4+10=90

VF=18 [4] +11+7=90

VE=8n-2K+10=8[19]-2 [36] +10=90

$K^*=C^{-1}+D^{20}$

y=-1, z=20

VE=2y+4z+2+10=2[-1] +4 [20] +2+10=90

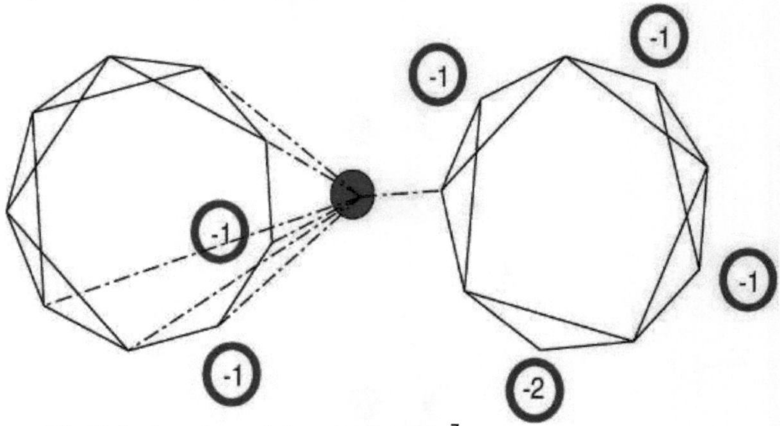

Figura 78. Estrutura isomérica do $Ge_{18}Cu^{7}$

79. $F=Ge_{18}Au_3^{5,}$

K=18[2] +3[3.5] +5[-0.5] =44, n=21

K(n)=44(21)

44=21+23

K=2n+2

$K^*=C^{3}+D^{18}$

y=3, z=18, m=3

VE=2y+4z+2+10m=2[3] +4[18] +2+10[3] =110

VF=18[4] +3[11] +5=110

VE=8n-2K+ 10m=8[21]-2[44] +30=110

VE=4n-4+30=4[21]-4+30=110

Au: K=3,5, V=7

Ge: K=2, V=4

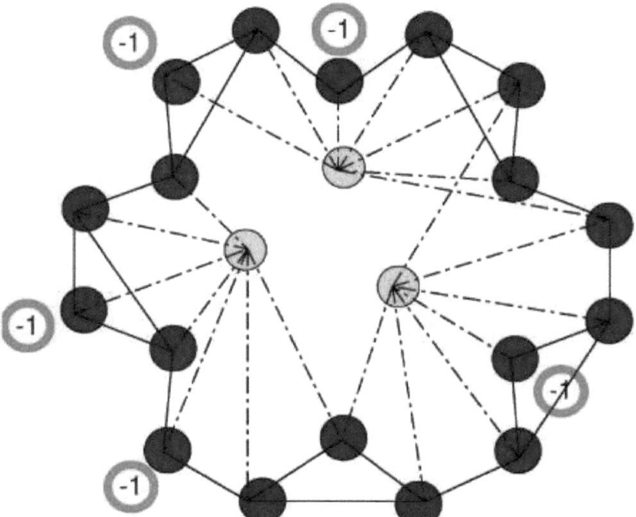

Figura 79. Estrutura isomérica do $Ge_{18}Au_3^{5}$

CONCLUSÃO

Os aglomerados de iões Zintl, tais como $In10Zn^{8-}$, $Ge8Zn^{6-}$, $Tl9Au^{9-}$ e $Bi9^{(5+)}$, podem constituir um desafio na construção das suas estruturas isoméricas e na decisão sobre a possível distribuição das suas cargas nos elementos esqueléticos. Mas a recente descoberta dos números esqueléticos e das suas valências tornou possível atribuir provisoriamente cargas a elementos esqueléticos específicos nas estruturas isoméricas. Mais de 70 estruturas foram analisadas e categorizadas, as suas estruturas isoméricas são fornecidas nas figuras isoméricas correspondentes. As impressionantes estruturas isoméricas tão facilmente construídas com base no parâmetro K(n) ou no parâmetro de categorização, $K^*=C^y + D^{(z)}$ indicam o imenso poder dos números esqueléticos e das suas valências esqueléticas. A construção de estruturas isoméricas e a distribuição das cargas negativas ou positivas e dos ligandos obedecem rigorosamente à lei da valência esquelética. O conhecimento baseado na nova teoria de clusters pode melhorar a compreensão das análises de estruturas cristalinas de raios X.

RECONHECIMENTO

Gostaria de agradecer à Autoridade Nacional de Planeamento (NPA Uganda) por me ter proporcionado um ambiente propício à compilação deste trabalho. Gostaria também de agradecer a Turigye Micheal por ter despendido imenso tempo e esforço na edição deste livro.

REFERÊNCIAS

Teo, B. K., Longoni, G., & Chung, F. R. K. (1984). Aplicações da Teoria Topológica de Contagem de Electrões a Aglomerados de Metais Poliédricos. *Inorg. Chem., 23*(9), 1257-1266.

Catherine Housecroft. E., & Sharpe, A. G. (2005). *Inorganic Chemistry, 2nd Ed.*, Pearson, Prentice Hall, Harlow, Inglaterra.

Hughes, H.K., &Wade, K.; Coord. *Chem. Rev., 197*, 191(2000).

Ciabatti, I. Nanoclusters homo e heterometálicos de carbonila. Tese de Doutorado, 2015.

THOMAS P. FEHLNER, JEAN-FRANCOIS HALET, JEAN-YVES SAILLARD, AGLOMERADOS MOLECULARES (2007)
ISBN-13 978-0-521-85236-4 capa dura ISBN-10 0-521-85236-6 capa dura

Konishi, Structure and Bonding, 161, 49-86
https://doi.org/10.1007/430 2014 143

Mingos, D. M. P. (1984). Compostos de Aglomerados de Ouro: Serão eles materiais em miniatura? *Gold Bull, 17(1),* 5-12.

Rossi, F., & Zanello, P. (2011). Atividade de reservatório de electrões de clusters de carbonilo de metais de transição de alta nuclearidade. *Portugalia, Electrochimica Ata, 29*(1), 309-327.

Slavi C. Sevov, Zintl Phases, Compostos Intermetálicos: Vol. 3, Principles and Practice. Editado por H. Westbrook e R. L. Fleischer. (2002) John Wiley & Sons, Ltd.

Gimeno, M. C., The Chemistry of Gold in Modern Supramolecular Gold Chemistry: Gold-Metal Interactions and Applications, Edited, Laguna, A., Wiley-VCH, 2008.

Alexandrova, A. N., Boldyrev, A. I., Zhai, H., Wang, L. (2006). All-Boron Clusters as potential new inorganic ligands and building blocks in chemistry. *Coord. Chem. Rev. 250,* 2811-2866.

CONSTANTIN ROMANESCU, TIMUR R. GALEEV, WEI-LI LI, ALEXANDER I. BOLDYREV, E LAI-SHENG WANG, Aglomerados de rodas de boro monocíclicas centradas em metais de transição: Uma Nova Classe de Compostos Borometálicos Aromáticos, Contas de Pesquisa Química (2012)

Uma Nova Abordagem à Teoria dos Aglomerados Químicos (Brochura).
Enos Kiremire
Publicado por LAP Lambert Academic Publishing, Alemanha (2019)
ISBN 10: 6202079010
ISBN 13: 9786202079013

BORANOS E A VALÊNCIA ESQUELÉTICA DE CINCO. (978-620-078774)

Enos Kiremire

Os elementos do grupo principal e dos metais de transição: E seus Aglomerados Obedecem ao Princípio da Série S=4n+q e seus Números Esqueléticos (Brochura).

Enos Kiremire

Publicado por LAP Lambert Academic Publishing, Alemanha (2020)

ISBN 10: 620252605X
ISBN 13: 9786202526050

Ordem dos Aglomerados Químicos: Números Esqueléticos e Árvores de Aglomerados (Brochura)

Enos Kiremire

Publicado por LAP Lambert Academic Publishing, Alemanha (2019)

ISBN 10: 6139898943
ISBN 13: 9786139898947

Uma teoria simples dos grafos de Zintl e Matryoshka Clusters (Brochura)

Enos Kiremire

Prosta teoria graficzna klastrów Zintl i Matryoshka (Brochura), (Edição polaca).

Enos Kiremire

Una semplice teoria dei grafici dei cluster Zintl e Matryoshka (Edição italiana).

Enos Kiremire

Uma teoria simples dos grafos de Zintl e Matryoshka Clusters (Brochura)

Enos Kiremire

Publicado por LAP Lambert Academic Publishing, Alemanha (2019)

ISBN 10: 6139446465
ISBN 13: 9786139446469

Uma teoria gráfica simples de Zintl e Matryoshka Clusters (Portuguese Edition).

Enos Kiremire

Categorização de aglomerados de carbonilo (Brochura). Edição holandesa.

Enos Kiremire

Publicado por KS Omniscriptum Publishing, Estados Unidos (2020)

ISBN 10: 6200593647
ISBN 13: 9786200593641

A Teoria da Cobertura de Aglomerados Químicos: Baseada na Série

12N/14N (Paperback).

Enos Kiremire

Publicado por LAP Lambert Academic Publishing, Alemanha (2019)
ISBN 10: 6139985595
ISBN 13: 9786139985593

Categorização de aglomerados de carbonilo: Análise de overgangsmetaalcarbonylclusters met behulp van skeletnummers (Dutch Edition)

Enos Kiremire

Categorização dos Clusters de Carbonil: Análise de Clusters de Carbonilo de Transição de Metal Usando Números Esqueletais (Paperback). (Portuguese Edition).

Enos Kiremire

Análise de aglomerados de carbonilo de metais de transição utilizando números esqueléticos
(Brochura) **Enos Kiremire**

Publicado por LAP Lambert Academic Publishing, N/A (2019)
ISBN 10: 6200006202
ISBN 13: 9786200006202

Enos Kiremire

Categorias de produtos para a indústria automóvel: Analiza metalowych klastrów karbonylowych z wykorzystaniem numerów szkieletowych (Paperback). Edição polaca.

Enos Kiremire

Categorização e Teoria de Grafos Simples de Clusters Dourados.

Enos Kiremire

Publicado por LAP Lambert Academic Publishing Set 2018 (2018)
ISBN 10: 3659753254
ISBN 13: 9783659753251

Prosta teoria graficzna klastrów Zintl i Matryoshka (Edição polaca).

Enos Kiremire

Categorização de aglomerados de carbono: Analisi dei gruppi carbonilici metallici di transizione utilizzando i numeri scheletrici (Italian Edition).

Enos Kiremire

Uma teoria simples das garras de Zintl e Matryoshka (Edição francesa).

Enos Kiremire

Classificação dos grupos de carbonos: Análise dos grupos de carbonos de metais de transição com o auxílio de números esqueletos (French Edition).

Enos Kiremire
Categorización de las agrupaciones de carbonilo: Analizando grupos de transición de metal carbonilo usando números esqueléticos (Spanish Edition).
Enos Kiremire
Categorização dos Clusters de Carbonil: Análise de Clusters de Carbonilo de Transição de Metal Usando Números Esqueletais (Portuguese Edition).
Enos Kiremire
Aplicação de números esqueléticos para categorizar aglomerados químicos.
Enos Kiremire
A PROVA DA DUPLA COBERTURA DOS AGLOMERADOS QUÍMICOS.
Enos Kiremire
Capa mole
ISBN 10: 6202517484 ISBN 13: 9786202517485
Editora: LAP LAMBERT Academic Publishing, 2020
LA PROVA DELLA DOPPIA COPERTURA DEI CLUSTER CHIMICI: CLUSTERS (italiano) (Brochura). (6200852464/9786200852465).
Enos Kiremire
DOWÓD NA PODWÓJNE OGRANICZENIE KLASTRÓW CHEMICZNYCH: CLUSTERS (Edição polaca).
Enos Kiremire
A PROVA DO DUPLO TAPADO DOS GRUPOS QUÍMICOS:
Enos Kiremire
CLUSTERS (Edição espanhola).
A PREOCUPAÇÃO DO DUPLO PLAFONAMENTO DOS CLUSTERS CHIMIQUES: CLUSTERS (Edição francesa).
Enos Kiremire
O que se passa com a limpeza de aglomerados químicos: os KLANTEN (Edição holandesa).
Enos Kiremire
A PROVA DO DUPLO NIVELAMENTO DOS AGLOMERADOS QUÍMICOS: CLUSTERS (Portuguese Edition).
Enos Kiremire
Funções Geradoras de Fórmulas de Aglomerados: de Ósmio, Ródio, Rénio, Paládio e Ouro (Brochura). Publicado por LAP Lambert Academic Publishing, N/A (2018)

ISBN 10: 6139963834
ISBN 13: 9786139963836
Enos Kiremire
O CONCEITO DE NÚCLEO DE AGLOMERADO QUÍMICO
ISBN:10: 6202556528
ISBN:13:9786202556521
Enos Kiremire
O CÓDIGO SECRETO
Enos Kiremire
ISBN 10: 6203040835 / ISBN 13: 9786203040838
Publicado por LAP Lambert Academic Publishing
CATEGORIZAÇÃO DOS HIDROCARBONETOS E FUNÇÃO GERADORA INTRÍNSECA
Prof. Enos Kiremire
ISBN 10: 6203025658 / ISBN 13: 9786203025651
Publicado por LAP Lambert Academic Publishing
NÚMEROS ESQUELÉTICOS E LIGAÇÕES EM CLUSTER
SIMETRIA
ISBN-13: 978-620-3-19763-1
ISBN-10: 6203197637
EAN: 9786203197631

Kiremire, E. M. R. (2016). Um modelo hipotético para a formação de clusters de carbonila de metal de transição com base em números esqueléticos da série 4n. *Int. J. Chem.*, *8*(4), 78-110.

Kiremire, E. M. R. (2016). Clusters de carbonila subterrâneos incomuns de paládio. *Int. J. Chem.*, *8*(1), 145-158.

Kiremire, E. M.(2014). Sequência Numérica da Série Borano. *Orient. J. Chem., 30(3),* 1055.

Kiremire, E. M.(2015). Categorização e Determinação Estrutural de Clusters Carbonílicos Simples e Mais Complexos de Rénio e Ósmio Utilizando valores de k e a Tabela de Clusters. *Orient. J. Chem. 31(1),* 293-302.

Kiremire, E. M. (2015) Classificação de aglomerados de carbonilo de metais de transição utilizando a regra 14n derivada da teoria dos números. *Orient. J. Chem. 31(2),* 605-618

Kiremire, E. M.(2015). Categorização e Determinação Estrutural de Clusters Carbonílicos Simples e Mais Complexos de Rénio e Ósmio Utilizando valores de k e a Tabela de Clusters. *Orient. J. Chem. 31(1),* 293-302.

Xiaoming Huang, Jijun Zhao, Yan Su, Zhongfang Chen e R. Bruce King. Projeto de Clusters de Matryoshka Icosaédricos de Três Conchas $A@B_{12}@A_{20}$ (A = Sn, Pb; B = Mg, Zn, Cd, Mn) (2014).

O CÓDIGO SECRETO: PARA A FORMAÇÃO DE CARBÓNICOS DE MÉTAUX DE TRANSITION E OS SEUS APARENTES EXPOSTOS
Enos Kiremire | 15 fev. 2021

O CÓDIGO SECRETO: PARA A FORMAÇÃO DE CARBONILOS METÁLICOS DE TRANSIÇÃO E SEUS PARENTES EXPOSTOS
Enos Kiremire

TAJNY KOD: DOTWORZENIA KARBONYLI METALI PRZEJSCIOWYCH I ICH POCHODNYCH NARAZONYCH
Enos Kiremire

O CÓDIGO GEHEIME: VOOR DE VORMING VAN OVERGANGSMETAALCARBONYLEN EN HUN VERWANTEN BLOOTGESTELD
Enos Kiremire

DER GEHEIMCODE: ZUR BILDUNG VON CARBONILENOS METÁLICOS E SEUS DERIVADOS
Enos Kiremire

A TOPOLOGIA NATURAL DOS AGLOMERADOS QUÍMICOS: BASEADA EM VALÊNCIAS ESQUELÉTICAS E TRIÂNGULOS
Enos Kiremire

CATEGORIZAÇÃO DOS HIDROCARBONETOS E DAS CARACTERÍSTICAS INTRÍNSECAS

FUNÇÃO GERADORA: DE AGREGADOS QUÍMICOS

MIX
Papier aus verantwortungsvollen Quellen
Paper from responsible sources
FSC® C105338

Printed by Books on Demand GmbH, Norderstedt / Germany